我的家庭蔬菜园

杯子花盆

卢璇·主编

黑龙江科学技术出版社
HEILONGJIANG SCIENCE AND TECHNOLOGY PRESS

图书在版编目（CIP）数据

我的家庭蔬菜园．杯子花盆／卢璇主编．-- 哈尔滨：
黑龙江科学技术出版社，2018.10
ISBN 978-7-5388-9809-5

Ⅰ．①我… Ⅱ．①卢… Ⅲ．①蔬菜园艺 Ⅳ．① S63

中国版本图书馆 CIP 数据核字 (2018) 第 122401 号

我的家庭蔬菜园．杯子花盆
WO DE JIATING SHUCAI YUAN . BEIZI HUAPEN

作　　者　卢　璇
项目总监　薛方闻
责任编辑　李欣育
策　　划　深圳市金版文化发展股份有限公司
封面设计　深圳市金版文化发展股份有限公司
出　　版　黑龙江科学技术出版社
　　　　　地址：哈尔滨市南岗区公安街 70-2 号　邮编：150007
　　　　　电话：（0451）53642106　传真：（0451）53642143
　　　　　网址：www.lkcbs.cn
发　　行　全国新华书店
印　　刷　深圳市雅佳图印刷有限公司
开　　本　723 mm × 1020 mm　1/16
印　　张　11
字　　数　170 千字
版　　次　2018 年 10 月第 1 版
印　　次　2018 年 10 月第 1 次印刷
书　　号　ISBN 978-7-5388-9809-5
定　　价　39.80 元

前言 Preface

只要有心，在哪里都能种菜。

在城市里做农夫，这并不是天马行空，既然家里能养花，那为什么不能种菜呢？本书让你就算没有阳台、没有宽敞的空间也能种出让人安心的健康蔬菜。

阳台是种菜的最佳场所，一般的阳台，可以种黄瓜、西葫芦、番茄等；小一点，也能够种马铃薯、辣椒和各种叶菜。就算没有阳台，你也可以在窗边种植菠菜、芹菜、茼蒿等。甚至在没有阳光直射的房间，你还可以种木耳菜、莴苣、芽菜等。

如果你的家里有大片闲置的区域，那还等什么？大干一场便能拥有自己的家庭蔬菜园！如果没有过多的空间，也不必灰心，用杯子种菜也能获得成功。本书中介绍的有关叶菜、芽菜和香草部分都是非常适合的哦！

目 录 Contents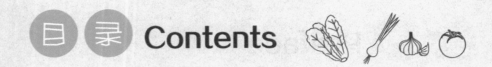

Part4 小盆中的香草世界

了解香草

Part5 大花盆里种出累累果实

超实用技能

Part6 土壤内珍藏的美味

大丰收的秘诀

Part1

种菜小常识

| 种菜的乐趣 |

| 从这里了解种菜 |

| 种植的基本技巧 |

种菜的乐趣

蔬菜是我们不可缺少的食物，但很多人因为不喜欢蔬菜的味道而偏食，造成营养不良等问题。如果自己种蔬菜，就会发现自己种的蔬菜都非常好吃，说不定还会因此改掉挑食的毛病。同时，种菜是一件充满乐趣的事情，身体健康是一件乐事，能自己动手，辛勤劳动也是一种快乐。

 摆脱空间束缚，自己种菜吃

● 身体健康离不开蔬菜

酸性体质是百病之源，我们的一日三餐离不开鱼肉蛋奶，而它们都为酸性食物，吃多了整个人就会"酸溜溜"的；而碱性的蔬菜是最好的人体酸碱调节剂，多吃有益健康，所以有句话说"三天不吃青，两眼冒金星"。

弱碱性体质是健康的基础，我们体内的细胞在弱碱环境下活性最强，人体的免疫能力最好。俗话说"病从口入"，想要有好身体，就要吃有益健康的食物，多吃蔬菜，可以调节人体的酸碱平衡，有助于保持身体健康。

● 令人失望的市场蔬菜

当前市场上的蔬菜在生产中常施用化肥、农药、催熟剂等。这些蔬菜不仅味道淡、水分多，连营养元素也不如从前的有机蔬菜丰富，甚至还有农药残留的风险。

想要吃得健康一点，购买有机蔬菜也许是个选择，然而这样的高档蔬菜不仅购买起来不太便捷，而且其价格也是普通蔬菜的几倍到十几倍，让很多人望而却步。

● 自己种菜益处多

　　如果对市场上的蔬菜不放心，那么，不如自己动手种种看，你会发现种菜其实并没有那么难。自己种菜吃的好处不言而喻，亲手种植的有机蔬菜食用安心、味道浓郁、随用随采，真正的新鲜到家，而且在种菜的过程中人们还能回归生活本身，享受种植的乐趣。

和家人朋友们一起动手的乐趣

当今社会有一个很不好的现象，城市里的人们离大自然太远，离电子产品太近。有没有想过，把"农家乐"搬到自己家里，叫上家人和朋友，上一堂生动有趣的自然课，"返璞归真"，一起体会悠闲的农作乐趣。

● 和家人一起的幸福时光

自己种的菜是最好吃的，不要一人独享这份美好。带动家人，一起种植，一同分享其中的喜忧。然后你会发现，他们吃饭时更加积极，不爱吃蔬菜的坏毛病也在不知不觉中不见了。

带着孩子一起种菜是一件非常有利于他们身心成长的事情。从简单又好吃的生菜、红薯、韭菜等入手，让他们从中获得收获的乐趣，可以增加孩子的成就感，使他们从此爱上劳动，养成自己动手的好习惯。同时，让他们多与蔬菜接触，增进了解，有利于使他们树立节约食物、不挑食的正确意识。

● 和朋友们的新玩法

　　厌倦了看电视、逛街、下馆子，那么就给节假日、下午茶时光加点创意。邀请好友们到家里来，一起摘菜、做美食，品尝别样的新鲜。

● 远亲不如近邻

　　分享总是那么令人愉悦，与邻居分享丰收的快乐，打破防盗门的冷血隔离，增进邻里的感情。这样你来我往，楼上楼下、左邻右舍能够相互串串门、聊聊家常也是很惬意的事情呢。

迷你可爱的家居装饰和礼品

　　绿色植物给人以生机勃勃、活力无限的感觉，看到植物总有一种舒适的愉悦感，蔬菜也不例外。用画笔、蕾丝、麻线或一个别致的容器进行装饰，都能让一盆普通的蔬菜"获得新生"，成为家中的一道风景，或是赠送亲友的美好礼物。

从这里了解种菜

很多人认为种菜的专业性太强，自己不可能胜任，也就慢慢打消了自己种菜的念头。其实种菜比种花简单得多，而且掌握了以下知识，还能让种菜变得更轻松。

需要准备的容器和工具

● 盆器的材质

常见的盆器按材质可以分为塑料盆、瓦盆、陶盆、瓷盆、木质盆、金属盆和一些新型材料盆，如麦秆盆。如没有楼层承重的烦恼，可优先选择瓦盆和陶盆。

塑料盆物美价廉，有很好的保水性，然而通风透气性却不如人意。使用时，要避免盆内和底盘中积水。

塑料盆

瓦盆是由泥土制坯烧制而成的，虽颜色单一，却也别有风味，文艺又复古。瓦盆质地虽然脆又笨重，但透气排水性能却特别好，非常利于植物生长。

瓦盆

陶盆是用陶土烧制而成的，美观度、透气性和价格均在瓦盆和瓷盆之间，是一个很好的折中选择。

陶盆

木质盆透气性非常好，盆内的温度不会过高，利于植物根系生长。但它不耐水湿，易发霉、腐烂。

木质盆

● 盆器的容量

　　种植时，要根据蔬菜的生长特性来选择不同形状、大小和深度的盆器。这样才能保证充足的养分供应和足够的生长空间。

小型盆器 容量：10L以下

小白菜、生菜、香葱、苦菊等的植株根系较浅，少量种植时，选用小型浅花盆即可。

中型盆器 容量：12~20L

中型盆器适合种植周期较短，高度较低的菠菜、茼蒿、叶用莴苣等。

大型盆器 容量：30~40L

栽培时间长、株型较大的蔬菜适宜选用大型盆器，如大白菜、洋葱、番茄、西葫芦等。

深底盆器 深度：30cm以上

芋头、萝卜、胡萝卜、马铃薯的地下部分为食用部分，体积比一般根茎大，需要深厚的土层，应该选用深底的容器。

悬挂型盆器 深度：30cm以下

一些喜光的轻型叶菜类，如苦菊、生菜等和有一定垂坠感的草莓和迷迭香等都比较适合种植在悬挂型容器中。

● 园艺工具

◀ 长嘴浇水壶

长嘴浇水壶浇水的距离远、范围大，在大片种植时非常实用。装上莲蓬头可以分散洒水，拆下莲蓬头就可以集中灌溉。

◀ 种植铲

种植时用来挖种穴、移土、添土、移苗、翻土等，是不可缺少的实用工具。

◀ 拌土铲

处理大量的土壤时，根据土量选择大小合适的拌土铲，让你轻松又快速地完成拌土作业。

◀ 园艺剪

间苗、打顶、修剪和采收时都可以派上用场。

◀ 支架

支架有不同的材质，常见的有铁质、木质和竹质等，是供藤蔓类和易倒伏的植物使用。

◀ 标签

用标签可以记录蔬菜的名称、播种日期和授粉日期等，便于管理。

◀ 喷壶

用喷壶浇水时，不仅不易冲动植株，还能增加空气湿度。另外，喷施叶面肥、杀虫剂等也离不开喷壶。

◀ 盆底石

将颗粒大的火山石、碎瓦片、轻石等放在盆底，有利于排水透气，还能防止盆中的土壤流失。

● 阳台适合种什么菜?

　　阳台种什么菜,一方面根据个人的喜好,一方面也要考虑到自家阳台的朝向。一般来说,大部分的瓜果蔬菜都可以在阳台上种植。但是阳台的朝向不同,我们可以选择种植的蔬菜品种也不同。

　　如果是朝南的阳台,适合种植的蔬菜有黄瓜、苦瓜、番茄、菜豆、黄花菜、芥菜、西葫芦、青椒、莴苣、韭菜等。

　　如果是朝东、朝西的阳台,适合种植喜光耐阴类蔬菜,如洋葱、油麦菜、小油菜、丝瓜、香菜、萝卜等。

　　朝北阳台全天几乎没有日照,可选择的蔬菜品种也较少。应选择种植耐阴的蔬菜,如芦笋、香椿、木耳菜等。

● 新手种什么能一次成功？

　　不同蔬菜的栽培难易程度有很大的区别。为了增加种菜者的信心，建议新手朋友选择种植速生菜或易于种植的蔬菜。比如油麦菜、香菜、苦瓜、小白菜、韭菜等。

● 小朋友最爱吃什么蔬菜？

　　在自家阳台种蔬菜，最好让小朋友参与进来，让他们体验到田园的美好。同时，用自己的双手种出的蔬菜应该是小朋友最爱吃的吧。

　　一般来说，给小朋友吃蔬菜要从土豆、番薯这些菜味较淡、口感易于接受的开始，接下来可以选择番茄、生菜、空心菜等。

种植的基本技巧

种苗的选择、育苗、水肥土的管理等是种菜最基本的流程，掌握了这些知识也就学会了一般蔬菜的基本种植技巧。

如何选种、选苗

种植蔬菜可以从培育种子开始，也可以直接从幼苗开始。

对叶菜类来说，直接播种成功率较高，还能体会到新芽破土而出时的那份欣喜。而从苗开始培育则相对方便省事。无论是选用种子还是种苗，都需要选择品质优良的才行。

● 选种的技巧

选购种子时，首先要保证种子完整，无虫孔和损伤，另外还要看种子的饱满度。要注意种子的新鲜度，尽量挑选当年的种子，这样发芽率相对较高。

● 选苗的标准

优质菜苗的标准是：叶片健康、饱满，枝茎粗壮，节与节的间距短，没有徒长，没有病虫害痕迹。

● 播种的方法

播种的主要方式有穴播、条播和撒播。

（1）穴播：按所设置的播种点挖穴播种；

（2）条播：按一定的距离开沟播种；

（3）撒播：把种子均匀地撒在土壤表面。

播种后覆土，覆土的厚度一般为种子直径的2~3倍，播种后要注意保湿。

● 催芽与育苗

对大部分的菜种来说，播种前都要先浸种催芽。一般用25℃的温水，冬天一般浸种5~6h，而夏天则相对短一些，一般3~4h。

除了在盆土中直接育种外还可使用育苗块，不仅能提高发芽率，移苗也方便且不伤根。首先将育苗块用水浸泡，使其迅速膨胀，然后将种子种植于凹槽中，覆土保湿即可。

● 移苗

在盆土上挖出种植穴，放入苗株，填土，使苗株近处的土略高于旁边的土，并使苗株的根茎处刚好露出土面。

刚移栽的小苗一定要浇透水，这一次浇水非常重要，叫作定根水。移苗完成后，需要先放在半阴环境下过渡一周左右，之后恢复正常养护。

● 适合的土就是好土

本书除了芽菜外都是用土作为基质种植的，土壤是植物的营养来源和固定植株的基础。优质的土壤一般具有排水良好、透气好、保水又保肥的特点。不同的蔬菜适宜的酸碱度也不尽相同，所以根据植物的不同需求来选择土壤才是最好的。

● 土壤的循环利用

种植过植物的旧土常常变得板结，营养素也被消耗，土中还很可能留有病虫害，直接用来种蔬菜，很有可能使蔬菜感染病虫害、产生缺素症等。

但旧土处理后也可以循环利用。首先要进行消毒，再调节酸碱度，并加入堆肥或者腐叶土等有机质重新改造土壤。

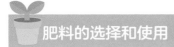
● 蔬菜不可缺少肥料

　　花盆中的土壤有限，土壤中的营养也有限，而不同蔬菜需要的营养物质各不相同，想要种植的蔬菜顺利采收，好看又好吃，那就要掌握科学的施肥方法。

● 基肥和追肥

　　基肥也称为底肥，在植株生长前施加，而生长过程中施的肥料叫追肥。对于叶菜类而言，一般生长周期较短，在土壤中混入一定量的堆肥，再加入适量的缓释肥颗粒作为基肥就可以满足其生长需求了。对营养的需求量较大的蔬菜，还需要进行追肥。追肥可以环绕植物施用，或者撒施，注意施肥后要盖土浇水。

● 肥料的种类

　　肥料要选择天然的肥料，比如：有机肥、矿物质、有机构认证的有机专用肥和微生物肥。

　　按施肥的时间不同，可分为基肥和追肥。基肥是必备的，一般选择固体颗粒状的缓释肥，其肥效长。追肥则一般选择液肥，具有速效性。

　　按照肥料所含元素的种类，可分为氮肥、磷肥和钾肥。氮肥最主要是促进茎叶的生长，故也称叶肥；磷肥主要促进开花和结果，故也称为果肥；钾肥则主要促进根的生长。

正确的浇水方式

● 常见的浇水方法

通常情况下，我们选择的浇水方式有三种：

长嘴浇水壶浇水：长嘴浇水壶浇水量容易控制。一般长嘴浇水壶的莲蓬头是活动的，蔬菜在苗期使用莲蓬头浇水。植株强壮后，可取下莲蓬头，直接浇水。

浸水：将盆底浸泡在盛水的容器中，水面要低于盆中的土面，让水从盆底自然吸入，直到盆土完全浸湿。选择这种方式浇水可以避免土壤板结，保护土壤结构。

喷水：用喷壶向蔬菜叶面喷水，这样可以起到降低室内温度、增加空气湿度的效果，同时还可以洗掉叶面尘土。平时可以用这种方式来施加叶面肥。

● 浇水的原则

浇水一般遵循"不干不浇，浇则浇透"的原则。要注意，在早上太阳刚升起或傍晚时浇水最好，正午阳光强烈时不宜浇水。

水的选择也有讲究，雨水是我们浇蔬菜的理想用水，此外还可以使用河水或井水。自来水在使用前要放置 1 天，待水中的氯气挥发干净再使用。

● 预防病虫害

　　蔬菜难免会发生各种各样的病虫害，对此，事先预防是非常重要的。从日常的管理着手，要注意蔬菜种植环境的通风透光性，因为长期不通风和阴湿环境极易导致病虫害的发生。另外对于有些蔬菜，可以调整它们的种植时间而避开其病虫害高发期，比如叶菜类一般春季是其病虫害的高发期，所以在秋季种植是一个不错的选择。

　　但是很多时候还是不可避免地会发生一些病虫害，此时我们首先要做的就是及时地清除病枝病叶，避免病虫害进一步扩大蔓延。

● 病虫害处理方法

　　对于一些常见的虫害，虫子较少时可以用筷子等夹掉，情况严重时可以喷施蔬菜专用的打虫药。另外对于真菌病害，关键在于对病害的识别，此种病害发生时可以先选择喷施广谱性药剂多菌灵，若效果不明显可以查询专业书籍或上网寻求解决办法，实在不行可以求助专业人士。

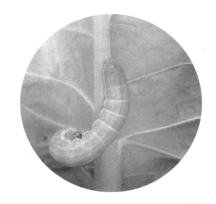

Part2

无纺布上的健康芽菜

芽菜栽培小知识

　　"芽菜"是芽苗菜的俗称，食用的是植物的嫩芽、嫩梢、嫩茎等部位。芽菜往往鲜嫩多汁、清香爽脆、营养价值高，是一种老少咸宜的健康蔬菜。而且芽菜的生长周期短，种植、养护简单，非常适合家庭室内种植。

 **无土栽培的优势**

　　无土栽培与传统的土培相比有许多优势。其优势概括而言大致表现在以下四方面。

● **干净整洁**：不使用土壤和化学肥料，可以保证室内不会因为土和肥料而产生异味。同时也可以避免许多病害的发生。

● **充分利用空间**：采用无土栽培可以在狭小空间内种植更多的蔬菜。

● **蔬菜品质更好**：使用营养液种植的蔬菜，不使用任何化学肥料和农药，生产出来的蔬菜会更加绿色健康。

● **管理简单**：不需要浇水、施肥、翻土等繁琐的工序，只需要定期添加营养液即可。

水培芽菜的简易方法

基于无土栽培的方法，把营养液换成水也能种出芽菜。芽菜的生长周期短，只有几天到十几天，生长所需的养分由种子提供，所以用清水就能栽培。种植的方法非常简单：

● 浸种催芽：用3倍种子体积的水浸种，其间要换水，并清洗种子至无黏液，挑出干瘪、损坏的种子。

● 铺盘：将浸泡过的种子放在底部铺有一层润湿的无纺布的托盘里，一定要记得经常喷水，保证无纺布的湿润。

● 避光培养：避光培养可以让芽苗黄化、徒长，这样的芽菜就会更软、水分更多。

发芽的关键

发芽的关键首先在于选种，一般选择当年的新种子，种子饱满、完整。但切忌使用刚从植株上收获的新鲜种子，一定要晒干之后的才好。

其次最好对种子进行浸泡处理，有助于打破种子的休眠，出芽更快、更齐。

培养的温度一定要适宜，过高容易老化，失去鲜嫩口感；过低发芽会慢或不发芽。

保肝、健脾、强胃

萝卜芽

　　萝卜芽菜是萝卜种子萌发形成的肥嫩幼苗，又名娃娃萝卜菜。萝卜芽菜蛋白质、碳水化合物、维生素A、维生素C的含量极高，具有保肝、健脾、强胃等功效。萝卜芽品质鲜嫩，风味独特，可做汤、拌沙拉等。

● 种植方法

铺盘

无纺布剪成圆形，铺在碗底，将泡好的种子平铺在无纺布上，喷湿种子和无纺布，以不积水为宜，再盖上湿润的无纺布。

▲ **小技巧** ▲

浸种后，要漂去种皮上的黏液，防止种子霉烂。

发芽

在 20℃左右的条件下，保持黑暗和潮湿，2～3 天即可出苗。子叶展开时，在傍晚揭去无纺布。每天喷浇 2 遍清水，阴雨天可酌情浇 1 遍。待芽长至 5cm 时，应保证萝卜芽适当见光。保持室温在 20℃以上，并加强通风。

采收

5～7 天后可采收。待子叶充分展开，刚长出真叶时，要及时采收。

Tips

快速浸种法：先把萝卜种子进行水选，再用 55℃左右的温水浸泡 15min 左右。然后放入 20～30℃的清水中，浸泡 2h 左右。然后洗去种子表皮黏液，沥水，待播。

绿豆芽

绿豆芽即绿豆发出的芽菜，绿豆在发芽过程中，维生素C的含量会增多，而且部分蛋白质也会分解为各种人体所需的氨基酸，可达到绿豆原含量的7倍，因此绿豆芽的营养价值比绿豆更高。

● 种植方法

铺盘

在碗底铺上湿润的无纺布，将浸好的绿豆种子平铺在无纺布上，再盖一层湿润的无纺布。

▲ **浸种技巧** ▲

20~27℃清水中浸泡 8~12h，至绿豆皮破开。

发芽

绿豆的种子喜温、耐热，其豆种发芽时的最低温度为 10℃，最适宜温度为 21 ~ 27℃，保持湿润，第二天可发芽。

▲ **喷水** ▲

每天喷水两次，并倒出多余的水，保持湿润。

采收

3 天左右，就可以收获新鲜的绿豆芽了。

Tips

高效催芽法：用 60℃的热水浸泡种子 1~2min，再用冷水淘洗 1~2 次，可"唤醒"与豆粒种子发芽相关的氧化酶系的活性，还有助于豆粒发芽整齐一致。

葵花子仁的清香

油葵芽

　　油葵是"油用向日葵"的简称，其芽苗有助于人体发育和生理调节，油葵芽苗中含有维生素 B_1、维生素 B_3和维生素 E 等，多食用可以防治脚气病，还可以延迟人体细胞衰老，保持青春。

● 种植方法

铺盘

在事先准备好的碗底铺上一层湿润的无纺布，将浸泡好的种子清洗干净，沥干水，平铺在无纺布上。

▲ **浸种技巧** ▲

冬天温水浸种 20~40h，
夏天清水浸种 6~10h。

发芽

在种子上再盖一层无纺布，室温保持在 22~26℃，催芽 3 天左右。催芽期间需要避光，每天用清水喷淋，保持湿润并倒出多余的水分。

采收

待芽苗长到 10cm 左右，子叶绿色、平展，幼苗不倒伏，这时候就可以采收了。

Tips

油葵的葵花子可榨出低胆固醇的葵花油，葵花油中含有 66% 的亚油酸，因此葵花油被誉为 21 世纪的"健康营养油"。油葵芽苗也含有亚油酸，且清爽可口。

扩展和强化人体血管

荞麦芽

　　荞麦芽苗菜，是新型的特色蔬菜，味感微酸，口感好，可以加上鲜肉、鸡蛋等煮汤。荞麦芽苗含有全面丰富的营养素和黄酮类化合物，有扩展和强化人体血管的作用，非常适合高血压等心血管病患者食用。

● 种植方法

铺盘

荞麦种子泡好后，平铺在湿润的无纺布上，浇水保湿，但不要积水，保持22~26℃的温度，催芽3天。

▲ **浸种技巧** ▲

夏天浸种10~16h，冬天浸种20~24h。

发芽

荞麦芽苗喜光照，但要慢慢适应光照，芽苗长到2cm时将其放在弱光区，适应后开始见强光。每天浇2~3次水，阴天少浇，干燥多浇。

采收

当芽苗长到10~15cm，子叶充分展开时，便可采收了。

Tips

荞麦芽苗的生长环境湿度要求在75%~85%之间。湿度低于75%时，会出现生长缓慢、发芽不整齐、不脱种子壳等情况。若湿度超过85%，则容易烂根烂苗。

豆类芽苗中的营养冠军

黑豆芽

　　黑豆是豆科植物大豆的黑色种子，又名橹豆、黑大豆等。黑豆本身具有的营养物质便比其他豆类丰富，而由黑豆发出的黑豆芽苗所含的营养物质也比其他豆类芽苗更为丰富。

● 种植方法

铺盘

浸种后，洗净黏液，沥干水分，将豆种均匀地在碗内的无纺布上铺一层。然后喷水至湿润，再盖上一层无纺布，遮光培养。

▲ 浸种技巧 ▲

洗净种子，在 20~30℃ 的温水中浸泡 6~12h。

发芽

温度要求在 25~28℃，每天揭开无纺布喷水，以保持湿润为宜。喷水后，将无纺布拧至半干的状态后覆盖到黑豆表面，以维持湿度。

采收

黑豆芽生长发育至胚茎充分伸长，而真叶刚刚露出时是最佳的采收时间。这时候的胚茎长 5~6cm，豆瓣呈青色，胚茎乳白晶亮，且不生侧根。

Tips

黑豆芽菜的生长对温度要求严格，冬季低温时要采取加热保温措施，夏季炎热高温时则要喷水降温。在发豆芽的过程中，每次浇过水后都要清除多余的积水。

有助于胃肠蠕动，促进消化

松柳芽

　　松柳芽又名相思芽、松柳苗，含有丰富的磷、钙、钾等矿物质元素，可凉拌、炒、烫、作汤料。口感爽脆，味美香甜，富含的大量矿物质元素和粗纤维素有助于胃肠蠕动，促进消化。

● 种植方法

铺盘

把泡好的种子洗净、沥干，均匀地撒播在铺好的无纺布上，喷水保持湿润，不积水。盖上报纸或透气的纸盒遮光培养。

▲ 浸种技巧 ▲

用20~28℃的水浸种4~12h（夏）或20~24h（冬）。

发芽

松柳苗生长适温在20℃左右，芽苗长至2cm时可揭掉无纺布，要注意通风换气。

采收

松柳菜芽苗在弱光处保湿发芽7~8天，等芽苗高约10cm的时候，就可以采收了。

种植松柳苗最低温度不能低于15℃，最高不能超过35℃，因此夏季高温时要避免高温暴晒，冬季温度低时可用暖气等工具增温。干燥的天气需向周围的环境喷水。

蚕豆芽

蚕豆（胡豆）芽菜富含多种维生素、矿物质和活性植物蛋白，氨基酸种类更为齐全，特别是赖氨酸含量丰富，营养价值极高。它还富含调节大脑和神经组织的重要成分——胆石碱，能够增强记忆力，是公认的抗癌食品。

● 种植方法

铺盘

在碗底铺上一张湿润的无纺布，将经过浸泡的种子均匀洒在无纺布上，上面再盖一层湿润的无纺布，每天喷水二到三次。

▲ **小技巧** ▲

夏天用冷水浸1天，冬天用65℃的水泡30~36h。

发芽

等到芽长到 2cm 之后，取掉盖在上面的无纺布，逐渐见光。见光后要注意浇水，避免碗底的无纺布变干。

▲ **小技巧** ▲

逐渐见光，即应从弱光区慢慢移到强光区。

采收

大叶苗和龙须苗均适宜食用，可根据个人喜好选择。一般 10~13 天便可收获芽苗，从芽苗基部剪取即可。

Tips

蚕豆芽苗在强光下可长成绿色的大叶苗，在弱光的条件下长成嫩绿苗，在无光的条件下会长成嫩黄色的龙须苗。

鲜嫩美味，口齿留香

豌豆芽

　　豌豆苗又叫龙须菜、龙须豆苗、蝴蝶菜等，主要是由食用豌豆所生成的幼嫩茎叶和嫩梢，口味清香，营养价值比黄豆芽、绿豆芽要高。

● 种植方法

浸种

用 55℃ 左右的温水将豌豆烫 15min 左右，烫豆时要不停搅拌。然后用 2 ~ 3 倍的清水浸泡 6 ~ 24h，其间换水 1 ~ 2 次，水温要求都是 25 ~ 28℃。

铺盘

用清水冲洗搓揉种子，一直到豌豆无黏滑感、水中无白色泡沫为止。然后沥干水分，铺匀，盖一层湿布，保持 18 ~ 23℃。

▲ 小技巧 ▲

前 24h 尽量避光培养，芽长到 2cm 时，可见光。

采收

待芽苗高 10~12cm，顶部复叶刚展开，苗呈浅黄绿色时就可以采收了。采收时从距离基部 2~3cm 处剪断。

Tips

豌豆在浸泡时，一定不要使用金属制品的容器，尤其是铁制品。否则，有些豌豆很容易在浸泡中变成黑褐色，这样就难以将出现的黑霉腐烂豆粒区分并剔除。

消除人体血液中的毒素

小麦芽

　　小麦芽含有丰富的叶绿素、维生素、矿物质、SOD、膳食纤维和有益酵素。能够消除人体长期积累在血液中的毒素，对哮喘、便秘、糖尿病有很好的辅助疗效，还可预防冠心病、脑溢血、肝病及视力低下等病症发生。

● 种植方法

铺盘

盘子底部平铺湿润的无纺布，再平铺一层吸水性好的纸巾，将洗好的种子均匀洒在纸上面并盖一层纸巾，最后浇透水。

▲ 小技巧 ▲

种子放进清水里浸泡6~10h，20℃左右易发芽。

发芽

前两天放置在避风防晒的地方，每天洒水数次，保持麦苗根部适度湿润，温度保持在25℃左右。第三天时可揭开上层的纸，移到阳光能照到的地方，但不宜在强光下暴晒过久。

采收

小麦芽不宜过晚采收，芽苗老了纤维会变多变硬，大约5天齐苗了就要及时采收。

Tips

小麦芽不仅吃起来美味健康，在生活中也是杀菌消毒保护人体健康的小帮手，在洗蔬菜、水果时加少量小麦草汁浸几分钟，可以中和蔬菜、水果含有的化学农药。

Part3

杯子里的鲜嫩叶菜

小空间也能种菜

家里空间有限也可以轻松种菜，比如在杯子里种菜。在杯子里种菜时要注意，最好选择小型的叶菜类蔬菜。小型叶菜的种植周期短，需要的营养物质少，在杯子中种植也能有不错的收成。

 准备容器

● 容器的收集

种菜的容器要有保水保肥的作用，因此，挑选容器时要特别关注一下容器的防水性。可以选用塑料或者纸质（有防水膜）的包装盒来种菜，既保水又卫生。

我们日常生活中的很多容器都可以用来种菜，比如吃完花生的铁罐、空的酸奶盒、一次性水杯以及闲置的瓶子等。用这些小容器种菜既有创意又很环保。

● 容器的处理

收集好的容器先用水洗干净，放在通风处晾干。之后再用工具在容器的底部钻几个透水孔，这样浇水时就能够排出多余的水分，避免积水。

处理土壤

● 施基肥

　　准备好种植土后,将肥料均匀混在土中再进行种植。叶菜类蔬菜对氮肥的需求量较大,基肥要以氮肥为主,配合施用磷、钾肥。

　　氮肥要控制好比例,并不是越多越好。对于初学者而言,直接使用充分腐熟的鸡粪等优质有机肥会比较容易上手。

● 土壤消毒

　　种植蔬菜的培养土除了要疏松肥沃、透水透气性良好外,还一定要无菌。对土壤进行消毒杀菌,可以预防蔬菜栽培过程中的病害。消毒可选择使用蒸气高温高压灭菌法,也可以放在阳光下暴晒一周左右,或是用多菌灵药剂拌土。

种植方法

● 播种方法

1. 在盆底铺上陶粒，有助透气渗水。

2. 事先将土浇好水，能握团不散、不滴水即可装盆。

3. 装满土后，稍按压，整平土面。

4. 撒上种子后覆土，覆土厚度为种子直径的2~3倍。

5. 浇透水，使种子与土壤充分接触。

● 养护

　　发芽后，发芽率较高的新芽会显得很拥挤，这样会影响通风透光，长期下来发生病害的概率也会大大提高，植株间还会相互争夺养分。因此，拔掉一些过密的幼苗就显得很有必要。间苗时，要去弱留壮，可以利用镊子或剪刀等工具帮忙，之后用小勺子填土，将土面覆平即可。

乌塌菜

　　乌塌菜又名塌菜、塌棵菜、塌地松、黑菜、金钱菜等，原产中国，主要分布在长江流域。按叶形及颜色可分为乌塌菜和油塌菜两类。乌塌菜营养丰富，要想补充一天所需的维生素C，食用100g乌塌菜就足够啦！

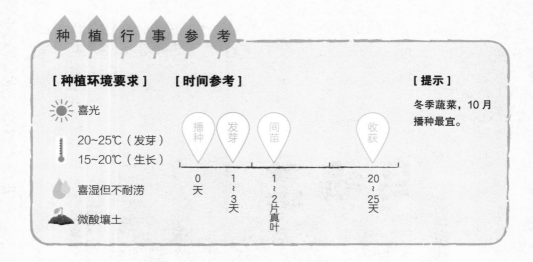

种 植 行 事 参 考

[种植环境要求]　　**[时间参考]**　　　　　　　　　**[提示]**

☀ 喜光

🌡 20~25℃（发芽）
15~20℃（生长）

💧 喜湿但不耐涝

🌱 微酸壤土

冬季蔬菜，10月
播种最宜。

播种　　发芽　　间苗　　　　　　收获

0天　　1~3天　　1~2片真叶　　20~25天

● 种植方法

播种

先将栽培土浇透水，均匀撒播种子，稍覆土，盖住种子为宜，不能太厚。

发芽

在出苗前每天早晚喷湿，光照充足，一般 1~3 天发芽。乌塌菜首先长出两片对称的叶子，这对圆圆的叶子不是它真正的叶子，被称为子叶。

间苗

间苗间距 2cm 左右，这时每天浇水需加少量复合肥。小苗的子叶中间长出 1~2 片真叶时，可以进行移苗，一个杯子种一棵，可收获整棵乌塌菜。

收获

10 片真叶时，就可以采收了，直接拔出或者用剪刀从基部剪下均可。

Tips

　　乌塌菜在生长盛期要求充足的肥水和光照，阴雨天易徒长。耐寒不耐热，能耐 −10~−8℃的低温，温度高于 25℃则生长不良。

注入健康活力 保持血管弹性

小白菜

　　小白菜含有的矿物质和维生素是蔬菜中最丰富的！
我们最主要食用的部分是它的茎和叶，其口感鲜嫩清爽。小白菜的叶片呈淡绿至墨绿色，形似汤匙，叶柄肥厚，有白柄和绿柄两种，原产于我国，南北各地均有分布。

[种植环境要求]　　**[时间参考]**　　　　　　　　　　　　　　　　**[提示]**

☀ 喜温暖、阳光充足

🌡 20℃左右（发芽）
20~25℃（生长）

💧 保持湿润

🌱 疏松、透气、保水保肥

播种　发芽　间苗　　　　　　　　　　收获

0　2　5　　　期间喷施叶面肥　　　20
天　~　~　　　　　　　　　　　　　　~
　　3　8　　　　　　　　　　　　　　25
　　天　天　　　　　　　　　　　　　天

一年四季均可种植，以 12 月至翌年 2 月种植最佳，这时种植的小白菜更鲜嫩美味、健康营养。

● 种植方法

播种

杯子内装土平整，浇透水，然后将种子均匀地撒在土壤表面，再覆盖一层 1cm 厚的细土即可。注意浇水时，水流要缓慢，以防把种子冲到一块儿。

发芽

光照良好，每天早晚各浇一次水，保持土壤湿度，2~3 天便可发芽。

间苗

真叶长出后，小苗拥挤在杯子中，这时就算舍不得，也要狠心地除去一些小苗，保持小苗间距为 2cm。注意间苗时可以用竹签小心挖出白菜苗，拔出小苗后，再用勺子补充土壤并覆平表面。

收获

注意杯子里的营养是有限的，中途要补充液体有机氮肥 2~3 次。尽管如此，小白菜还是不会长到市场上那么大，但有个好处是，很快就可以收获到特别鲜嫩的小白菜啦。

Tips

播前浸种能使种子在短期内吸足水分，迅速萌动，同时还能灭菌防病、增强种子抗性。具体方法是：先将种子浸泡在 50~55℃的温水中 15min，再置于常温水中浸泡 6~8h。

改善肠胃血液循环

生菜

　　生菜学名为叶用莴苣，我们一般叫它生菜、唛仔菜、莴仔菜等。叶片褶皱，长倒卵形，散状或密集成叶球。原产欧洲地中海沿岸，最早开始食用的是古希腊人、罗马人，我国目前在广东和广西两地栽培较多。

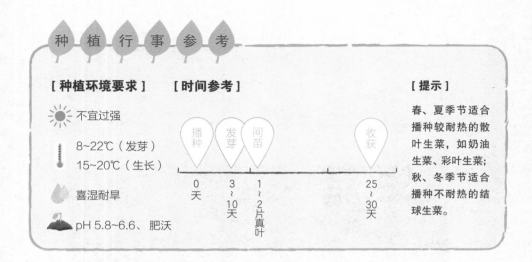

[种植环境要求]

☀ 不宜过强

🌡 8~22℃（发芽）
15~20℃（生长）

💧 喜湿耐旱

🌱 pH 5.8~6.6、肥沃

[时间参考]

播种	发芽	间苗		收获
0天	3~10天	1~2片真叶		25~30天

[提示]

春、夏季节适合播种较耐热的散叶生菜，如奶油生菜、彩叶生菜；秋、冬季节适合播种不耐热的结球生菜。

● 种植方法

播种

播种时为了撒播均匀，种子内可掺入少量细沙土，播后覆 0.3~0.5cm 厚的细土。

▲ **保湿技巧** ▲

覆盖塑料膜，播种后要避免强光暴晒。

发芽

幼苗开始出土时，应及时揭开塑料膜，防止徒长。注意保持充足的阳光（但不要暴晒），同时保持土壤湿润就可以了。注意若阳光少浇水多，则苗易徒长。

间苗

幼苗长到 1~2 片真叶时，按株距 2cm 间苗。若不满足于小棵生菜，可等到 5~6 片真叶时，进行移植，保持一个杯子内种一棵。

收获

生菜叶长到 10 片左右时便可采收，单颗生菜一个月左右便可收获。建议提前采收，若太晚收获，生菜老化，会使生菜口感硬、失去清甜味。

Tips

　　生菜的品种非常多，叶子的形态多种多样，有的叶片全缘，有的叶片有波浪状缺刻或者锯齿；有的叶片表面光滑，有的非常皱缩；有的叶片着生松散，有的叶片相互包裹，结成叶球。

　　不管哪种生菜种起来都非常容易，就算没有土壤，水培也是不错的方法。

空心菜

空心菜，原名蕹菜，又名藤藤菜、蒉菜、通心菜、无心菜、瓮菜、空筒菜、竹叶菜、节节菜。开白色喇叭状花，其梗中心是空的，故称其为"空心菜"。

空心菜含有胰岛素成分，能降低血糖。

[种植环境要求]　　**[时间参考]**　　　　　　　　　　　　**[提示]**

☀ 充足的光照

🌡 15℃（发芽）
20~35℃（生长）

💧 喜潮湿 不怕涝

🌱 肥沃且疏松的壤土

播种	发芽	间苗	收获
0 天	3~7 天	8~20 天	20 天

播种时间为 4~8 月，春季较好。"早栽培，多施肥，勤采收"是空心菜的栽培原则。

● 种植方法

播种

浸种6~10h，均匀撒播后覆土1~2cm。

发芽

需要每天浇水，保持土壤湿润，阳光充足，3 天后便可发芽。

间苗

齐苗后间苗，保持苗间距为 2cm。

收获

3~5 片真叶时施稀薄的有机肥一次，之后及时追肥，以氮肥为主。一般播种 20 天左右即可采收，基部留 2~3 节，剪下嫩梢。

方便又简单的扦插法：自己种植的空心菜，在生长期间可以随时剪枝扦插。节下剪取有 4~5 个节点的嫩梢，修剪掉一部分的叶子，留 2~3 片叶或不留叶。插条至少有 2 节埋入土内，有 2~3 节露出土面即可，将土稍压实，每天浇水以保持土壤湿润，需要密植，每株间距 1~2cm。

荠菜

　　荠菜也被叫作地米菜、菱闸菜、花紫菜、小鸡草、护生草、菱角菜等。叶片绿色，叶缘缺刻浅或深，羽状浅裂或全裂。

　　原产我国，茎叶作为蔬菜食用，有"灵丹草"的美誉。

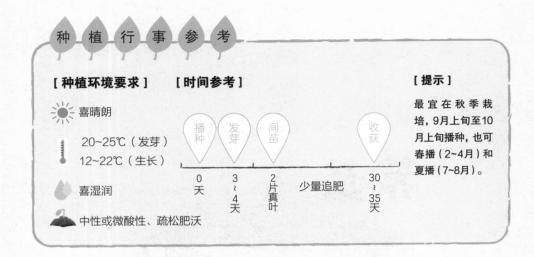

[种植环境要求]

☀ 喜晴朗

🌡 20~25℃（发芽）
12~22℃（生长）

💧 喜湿润

🌱 中性或微酸性、疏松肥沃

[时间参考]

播种　发芽　间苗　　　　　收获

0天　3~4天　2片真叶　少量追肥　30~35天

[提示]

最宜在秋季栽培，9月上旬至10月上旬播种，也可春播（2~4月）和夏播（7~8月）。

● 种植方法

播种

荠菜种子细小，与干沙土混合均匀后撒播，再稍覆细土，或不覆土。像荠菜这种小种子，顶土能力差，不宜覆土，应盖上塑料薄膜保湿。

发芽

在出苗前，一定要注意浇水保湿，早晨浇水比较好，"轻浇、勤浇"，不能一次浇透，每隔 1~2 天浇一次。

间苗

当苗有 2 片真叶时，进行间苗，间苗后可进行第一次追肥。

收获

在真叶 10~13 片时即可采收，以后每收获一次追肥一次，施肥浓度可适当提高。荠菜生长周期短，一次播种，多次采收，每次采收时应采大留小，采留植株要均匀适当。

Tips

荠菜种子有休眠期，当年的新种子，未脱离休眠期，播后不易出苗，不宜使用。由于荠菜的植株较小，在栽培的过程中容易与杂草混生，在幼苗期应留意混生的草，并及时拔除，以免草长大影响荠菜苗的生长。如果不及时拔除，拔大草易伤到苗。

萝卜叶

　　课堂上老师讲过，萝卜叶、辣椒叶和莴笋叶是三种最不该丢弃的菜叶，一直很想尝尝是什么味道，而市场上却很少见到它们的踪影，那就自己种种吧！吃萝卜叶不仅可以健胃消食，还能防治肠炎、痢疾。

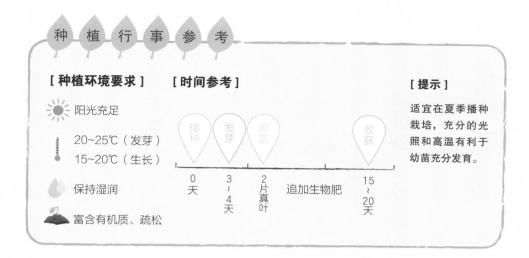

[种植环境要求]　　[时间参考]　　　　　　　　　　　　[提示]

☀ 阳光充足

🌡 20~25℃（发芽）
15~20℃（生长）

播种　发芽　间苗　　　　　收获

0天　3~4天　2片真叶　追加生物肥　15~20天

💧 保持湿润

🌱 富含有机质、疏松

适宜在夏季播种栽培，充分的光照和高温有利于幼苗充分发育。

🌑 种植方法

播种

萝卜喜欢肥沃的土壤，栽培土厚施基肥。这里只采收叶子，因此可以用小杯子种植。浇透水后直接撒播即可。

发芽

日常管理不要放松，保持土壤水分充足，放置在阳光充足的地方，保证光照与温度。

间苗

适当密植，当有 2 片真叶时间苗，并追施速效氮肥。幼苗至采收前一段时间要适当减少浇水。长至 3~4 片叶后，配合叶面喷施 1~2 次生物肥，促进同化叶和根吸收生长。

收获

叶用萝卜生育周期短，夏季播种后 15~20 天即可采收，还可以分期分批，多次采收。

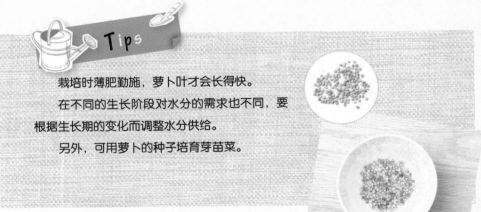

Tips

栽培时薄肥勤施，萝卜叶才会长得快。

在不同的生长阶段对水分的需求也不同，要根据生长期的变化而调整水分供给。

另外，可用萝卜的种子培育芽苗菜。

降低胆固醇 清燥润肺

莜麦菜

　　莜麦菜，即尖叶形叶用莴苣，有的地方叫作油麦菜、苦菜、牛俐生菜。食用它的嫩梢和叶，叶片淡绿色长披针形，口感嫩脆清香。含有大量维生素及钙、铁等营养成分，营养价值高、热量又低，是生食蔬菜中的上品。

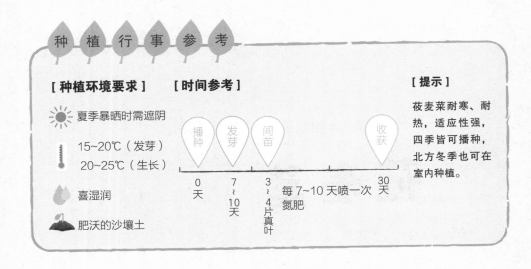

[种植环境要求]　　**[时间参考]**

夏季暴晒时需遮阴

15~20℃（发芽）
20~25℃（生长）

喜湿润

肥沃的沙壤土

播种　发芽　间苗　　　　　收获

0
天　　7~10天　　3~4片真叶　　每7~10天喷一次氮肥　　30天

[提示]

莜麦菜耐寒、耐热，适应性强，四季皆可播种，北方冬季也可在室内种植。

● 种植方法

播种

将种子撒播于浇透水的土面，覆土0.5~1cm厚，以盖没种子为度，覆盖塑料薄膜，保持土壤湿润。

发芽

保持湿润。苗期稍耐寒不耐热，夏季暴晒时要遮阴。

间苗

真叶 3~4 片时间苗，一个杯子里种一两株为宜。另外莜麦菜生长速度快，需肥量较大，一般每 7~10 天喷施一次以氮肥为主的腐熟有机肥，以促进叶片生长。在生长旺盛期要给予充足水分，通常每天浇水一次，必要时早、晚各浇水一次。

收获

采收前一周停止施肥，通常在早晨采收，将脆嫩的叶片用手掰下即可。注意采收后，待伤口晾干可追施一次腐熟有机肥，以促进新叶萌发，一段时间后可再次采收。

温度高于 25℃或低于 8℃种子都不发芽，夏季高温播种时需要催芽。催芽方法：将种子浸泡于水中 4.5~5.5h，稍晾干后用湿布包好，放在阴凉处催芽，约有 3/4 种子露白时播种。

菠菜

　　藜科菠菜属，一年生草本植物，按种子形态可分为有刺种与无刺种两个变种。

　　它的根为红色，叶色碧绿，因此还被人们称为红根菜、鹦鹉菜，甚至有文人雅士为其取名红嘴绿鹦哥。

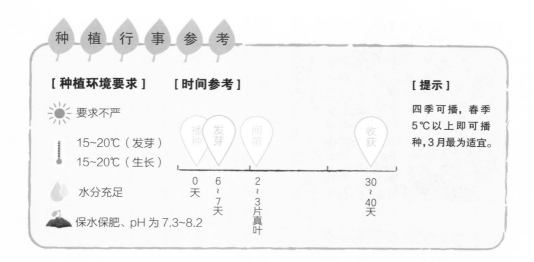

[种植环境要求]   **[时间参考]**

[提示]

四季可播，春季
5℃以上即可播
种，3月最为适宜。

- 要求不严
- 15~20℃（发芽）
- 15~20℃（生长）
- 水分充足
- 保水保肥、pH 为 7.3~8.2

播种	发芽	间苗		收获
0天	6~7天	2~3片真叶		30~40天

● 种植方法

播种

浇足底水后播种，覆土 0.5cm 厚，需盖
塑料膜或遮阳网保温保湿促芽。

发芽

菠菜不耐暴晒，夏天需要遮挡阳光，以
利于降温。苗期浇水应在早晨或傍晚进
行，坚持"小水勤浇"原则，同时还要
记得保持土壤湿润。

间苗

当幼苗2~3片真叶时，要进行间苗，苗距约为2cm。间苗后追施两次速效氮肥：腐熟的有机肥、腐熟的鸡粪、营养土均可，每次施肥后要记得浇清水。

收获

菠菜播后30~40天采收，可分批采收两三次。每次采收时要挑大留小，间密留稀，使留下的菠菜间距适宜。

Tips

夏、秋播种前需要催芽，播种后要放入室内或利用小拱棚覆盖遮阳网，防止高温和暴雨冲刷。

催芽方法：在播种前1周用水将种子浸泡12h后，放在4℃左右的冰箱或冷藏柜中冷藏24h，再在20~25℃的条件下催芽，经3~5天出芽后播种。

"六月苋，当鸡蛋，七月苋，金不换"

苋菜

　　苋菜，古人称之为苋，有雁来红、三色苋、老来少等别名，有些地方又管它叫"红蘑虎"、云天菜等。

　　苋菜富含钙、铁等营养元素，食用苋菜可以促进儿童生长发育。贫血患者、妇女及老年人同样适宜食用。

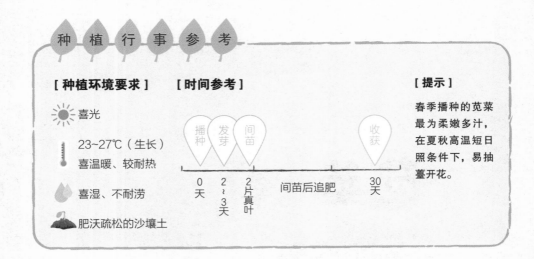

[种植环境要求]　　**[时间参考]**　　　　　　　　　　　　**[提示]**

☀ 喜光

🌡 23~27℃（生长）
喜温暖、较耐热

💧 喜湿、不耐涝

🌱 肥沃疏松的沙壤土

播种　发芽　间苗　　　　　　　收获

0　2~3　2片真叶　　间苗后追肥　　30
天　天　　　　　　　　　　　　天

春季播种的苋菜最为柔嫩多汁，在夏秋高温短日照条件下，易抽薹开花。

● 种植方法

播种

一般采用直播，先将培养土浇透水，水下渗后，将种子均匀撒播在培养土上。

发芽

夏秋季播苋菜，出苗只需 2~3 天，出苗后，需大量浇水，保持土壤湿润；冬季、早春出苗后则需适量减少浇水量，小水勤浇即可。

间苗

一般在幼苗长出 2 片真叶时可进行间苗，并在齐苗后施浇一次 0.2% 尿素水溶液。间苗后可追第一次肥，过 10~12 天追第二次肥。

收获

苋菜生长周期短，30 天左右便能采收，且需及时采收。采收方法：在植株未硬化，花蕾未形成前，全株拔起或从基部剪下。

Tips

在冬季、早春栽培时要加盖塑料薄膜，以保温保湿；夏季则要注意防晒，降温保湿。

苋菜在高温且短日照的环境中，容易抽薹开花，所以宜在日照时间较长的春天种植，抽薹慢且口感柔嫩。

清热解暑的美食佳品

苦菊

苦菊是菊科菊苣属植物的一种，别名苦菜、狗牙生菜、苦苣等。苦菊的叶片为披针形，颜色嫩绿，甘中略带苦味，凉拌味道鲜美，还可炒、煮或作汤料。苦菊有清热解暑的作用，因此在夏季非常受欢迎。

[种植环境要求]　　**[时间参考]**　　　　　　　　**[提示]**

喜光

15~17℃（发芽）
10~20℃（生长）

喜湿不耐干旱

肥沃疏松、微酸至中性

3~10 月皆可播种，最宜在春、秋两季种植。

播种 — 0 天

发芽 — 2~5 天

间苗 — 2~3 片真叶

收获 — 30 天

● 种植方法

播种

种子均匀撒播，然后覆盖上一层细土，覆土层约为 0.5cm 厚。播种后需要喷洒适量水，底水浇透。

发芽

3 天左右出芽，刚出土的幼苗根系还比较细弱，要通过喷水保持土壤湿润。

间苗

要及时间苗，苗期要土壤干后再浇水，茎叶生长期要保持土壤湿润。水分不足苦菊的苦味会过重。

收获

可多次采收嫩茎叶，6片真叶时就可以按需采摘了。采收前要适当减少水分的供给，口感会更好。

Tips

苦菊的种子没有休眠期，且发芽力可保持10年，建议播种时采用保存1~3年的种子。立秋后，苦菊生长比较旺盛，为促其根系粗壮，积累更多养分，需多次浇水并追肥。

上海青，又叫上海白菜、苏州青、青姜菜、小棠菜、青梗，叶片椭圆形，叶柄肥厚，白白的像葫芦瓢，因此，也叫作瓢儿白。

常见的小白菜品种，在亚热带及温带都有分布。

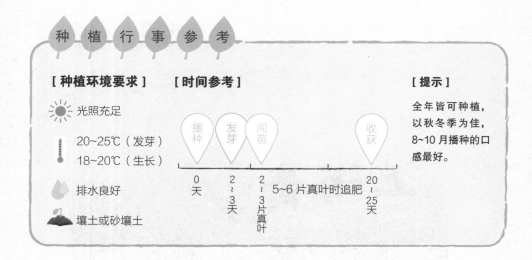

[种植环境要求]　　　　**[时间参考]**　　　　　　　　　　　　　**[提示]**

光照充足

20~25℃（发芽）
18~20℃（生长）

排水良好

壤土或砂壤土

播种　发芽　间苗　　　　　　　收获

0天　2~3天　2~3片真叶　5~6片真叶时追肥　20~25天

全年皆可种植，
以秋冬季为佳，
8~10 月播种的口
感最好。

● 种植方法

播种

先将栽培土浇透水，均匀撒播种子，稍
覆土，盖住种子为宜，不能太厚。播种
时点播一两颗种子，植株会生长得大些。

▲ **杯底处理** ▲
用竹签在小杯子底部戳
几个小孔，可以排除多
余的水分，避免积水。

发芽

在出苗前每天早晚喷湿，一般 2~3 天
发芽。

间苗

间苗间距 2cm 左右，这时每天浇水需加少量复合肥。小苗 5~6 片真叶后，每隔 5 天追肥一次。

收获

当芽苗长到 15~20cm 就可采收了，直接拔出或者用剪刀从基部剪下皆可。

Tips

　　注意要重施基肥，多次追肥，追肥分别在 2 片真叶、4 片真叶、6 片真叶、8 片真叶时进行。薄肥勤施，浓度由淡至浓，逐步提高，注意施肥时不要让肥料落在叶上，会引起烧苗。

Part4

小盆中的香草世界

了解香草

香草，即芳香植物，这类植物具有独特的香味，食用部位包括叶、花、果实、种子、根等。世界上的香草有3000多种，常见的有迷迭香、罗勒（九层塔）、百里香、薄荷、香茅、洋甘菊、琉璃苣等。让香草住进我们的生活，在家种一盆香草，浪漫又实用。

 元气香草用途多

香草在不同的领域拥有不同的用途：

一　和自然界的花花草草一样，香草也具有美化自然环境的作用。

二　许多种香草都具有保健功能，不仅口感好，而且营养丰富，多多食用有益身心健康。

三　可以作为调味料，丰富饮食的味道，增加人们的食欲。比如罗勒、薄荷、百里香等。

四　可以作为制作香料、萃取精油的原材料。如柠檬香茅、茴香、紫苏、甘菊、薰衣草等。

五　可以入药，香草是中国传统医学药材的重要门类之一。

自己所种香草的日常妙用

香草在食用方面的应用非常多，可以鲜食、煮食或制成香草盐、香草酱、香草酒和香草茶等等。其实，自己种的香草除了可以作为餐桌上的辅料外，还有很多有意思的用法和用途。比如：

● 薄荷、芸香、艾菊、薰衣草、苦艾等能驱赶苍蝇虫蚁。

● 迷迭香、薰衣草、百里香等有很好的消毒作用，可作为生活中常备的消毒剂。

● 百里香可以制成漱口水缓解喉咙疼痛。

● 用香茅、艾草、薄荷等进行药浴有活血、刺激血液循环、松弛纾解肌肉和安眠的作用。

● 薰衣草、香茅、迷迭香、琉璃苣的花和叶可以压花或者吊干制成干花，作为花材使用或者制成香包。

除此之外，香草的芳香还有舒缓心情、调节内分泌的作用，可以作为室内香薰使用。

如何栽培管理

种植蔬菜的主要工作其实就是对光、温、水、肥进行管理。

关于光照　我们生活中较常见的香草植物多喜欢充足的光照，比如罗勒、琉璃苣、薰衣草、香茅等，应置于阳台、窗边种植。

关于温度　一般的香草植物都喜欢温暖的环境，在北方种植时，需要将其移至室内越冬。

关于水分　浇水时，以"干透浇透"为原则，一般不干不浇。喜湿的品种（如薄荷），可以提高浇水频率。

关于施肥　以叶片为收获对象时，要偏重使用氮肥，若是收获花朵，就要侧重钾肥的施用。

西餐里不可或缺的角色

罗勒

　　罗勒为唇形科罗勒属植物，又名九层塔、气香草、光明子等。罗勒会散发出如丁香一般的芳香气味，也有些略带薄荷味，香味随品种不同而不同。

　　罗勒可以入药，性温味辛，有化湿消食、解毒的功能。

20~30℃
喜湿、忌涝

罗勒喜欢温暖的环境，因此春夏两季生长较好。罗勒开花以后就开始老化，所以若发现开始有小花苞出现，就要立刻摘除。

● 种植方法

播种

种子先用冷水泡，3~5min后缓缓加热水，并用筷子搅拌，将水温保持在50~55℃浸种15~20min。冷却到约25℃，使种子吸饱水。用温水浇透营养土后，撒一层土，晴天时播种，再撒一层1cm厚的土，盖上塑料薄膜。

间苗

生长期间要每天浇水，保持土壤湿润，必要时可早晚各浇一次水。播种4~7天后会发芽长苗。发芽两周以后需要间苗，留下健康、节点距离短的粗壮苗，疏去弱苗、病苗。间苗后追肥一次，之后每两周追肥一次。

收获

30~35天即可采收，可连续采收4~6个月。罗勒易开花，若不留种子，应随时摘除，以免植株因开花而老化，并可延长采收的时间。

罗勒松子酱的制作方法

    罗勒的香味怡人，其鲜叶可以搭配各类美食食用，此外也可将其制成可长期食用的罗勒酱。罗勒酱是意大利面、面条、面包等的好搭档。

    罗勒酱的制作方法很简单，将新鲜的罗勒叶洗净沥干，加入搅拌器中，加橄榄油、蒜、盐一起搅拌成糊状，装瓶放入冰箱即可。

    另外，加入松子一起搅拌可以制成罗勒松子酱，香味更加丰富。注意，橄榄油的用量要多一些，要达到能让搅拌器转起来的量。

不一样的清凉

薄荷

　　薄荷为唇形科多年生宿根性草本植物薄荷属薄荷的地上部分，是一种有特种经济价值的芳香作物。薄荷又称草薄荷、水薄荷、鱼香菜、苏薄荷等，每个地方的叫法都不一样。具有医用和食用双重价值，茎和叶可榨汁。

除了扦插和种子繁殖这两种方法，还可以用根茎繁殖，春栽最好在3月下旬至4月上旬进行，或10月下旬前后进行。忌阳光暴晒。

● 种植方法

播种

栽培土浇透水后，在土层上均匀播撒种子。播种温度要保持在 20 ~ 25℃，气温过高时应将种子放置在阴凉处降温，气温过低时可以覆盖保鲜膜以提温。薄荷种子细小，覆土要薄，用干燥的细土能更好控制覆土厚度。

发芽

薄荷在生长期间对水分的要求比较严格，生长初期与中期需水量多，开花期需水量则少。保持湿润和适温，一两周可发芽。

收获

当主茎长到约 20cm 的高度时，其嫩茎和叶片就可以采收食用，采收间隔15 ~ 20 天。每次采摘后需要追肥，促进新枝梢的萌发。

薄荷凉茶

　　取新鲜的薄荷叶少许，用清水冲洗干净，用沸水冲泡，并加入适量的白砂糖，放置到自然冷却即可饮用。

　　也可以将薄荷叶洗净、晾干后密封保存，每次取薄荷干叶少许，按以上方法冲泡，可长期饮用，长期饮用有解毒败火的功效。

芫荽

芫荽(拼音：yán suī)，别名胡荽、香菜、香荽，伞形科芫荽属，一年生或二年生草本植物，外形与芹菜相似，但味道与芹菜全然不同。因为芫荽有特殊的香味，所以常常被当作提味的食材，很多菜肴中都有它的身影。

17~20℃
忌高温强光

在播种时要注意不能将种子直接播撒在基肥上，也不要用基肥等物质来代替土壤覆盖种子。经催芽再播种的香菜，土壤要疏松细致。

● 种植方法

播种 发芽

8~9月播种，将香菜种子轻轻压裂后用40℃的温水浸泡6h左右。然后均匀撒播在土壤上，覆土约1cm厚。

幼苗初期不需浇太多水，等苗长到10cm时，是植株生长的旺盛期，此时需勤浇水保持土壤湿润。

间苗

苗长至4~5cm时进行间苗，保证间距为2~4cm。进入生长期，要小水勤浇，保持土壤湿润，不断供给充足养分。夏季温度过高时要及时用遮阳网覆盖，另外多浇水也可以起到降温的作用。

收获

50~60天开始采收，可分次陆续采收。香菜的根也可食用，采收时直接拔出，洗净即可炒食或凉拌。

Tips

香菜肉丸

香菜肉丸是一道营养美味的家常菜，制作方法：

1. 准备主料：肉（牛肉、猪肉均可）500g、豆腐100g、香菜适量；

2. 将肉放入料理机中打成泥；

3. 在肉泥中加入洗净切好的香菜、豆腐，接着按个人喜好加入适量的盐、糖、酱油等，然后加入1~2匙的面粉和淀粉，搅打上劲；

4. 搅拌好肉馅后，用勺子挖成小球状，沸水煮熟即可食用。

好吃，更好看

虾夷葱

　　虾夷葱又名小葱、细香葱，简称为葱，是二年生草本植物。叶子细长中空柱状；花朵未绽放时是紫色球状，初夏绽放时香味浓郁，花朵粉红色。虾夷葱的花、叶可直接入菜食用，含有胡萝卜素、钙等营养物质。

长江流域虾夷葱一般是 3~4 月播种，6~7 月收获，也可以在 9~10 月播种，第二年的 4~5 月收获。

● 种植方法

播种

将种子用直播的方法播撒在栽培土里，撒播后覆上一层薄土，发芽之前都要避光，出芽后移到有阳光的地方。

▲ 播种技巧 ▲

虾夷葱的种子较细小，播种时先将其与少量细沙混合后再撒播。

发芽 定植

播种后约 7 天即可发芽，刚长出来的小苗外形很像杂草，可不要误把它拔掉哟。当苗长出 3~4 片真叶时就可定植。将植株放置在通风良好的位置，每日浇水。夏季避免暴晒，冬季要求全日照。植株缺肥或缺水叶易黄，施肥时固态肥需每隔一个月施一次，液肥则每周施一次。

收获

当植株长到 15~20cm 就可以采收，采收时从离土面约 3cm 处剪下即可。在栽种的第一年，植株还很瘦弱，采收次数不可太多。

虾夷葱的食用方法

　　虾夷葱的花、叶都可以入菜食用，口味独特，可增添食物风味，是一种高级的食物素材。虾夷葱的用法多为切细生用，经常用来作为沙拉或西式蛋饼的调味，也可洒在焗薯上作为点缀。

洋甘菊

　　洋甘菊是菊科多年生草本植物，原产于欧洲。洋甘菊味道微苦，夹带着一丝甘香。洋甘菊具有镇定的作用，能减轻情绪的焦虑，还具有抗菌消炎、抗过敏的作用，对于明目、退肝火、增强记忆力也有一定功效。

0~30℃
阳光充足

如果采用的是播种这种方式，选在九月秋播比较好；若是选用分株繁殖的方式，则秋季比春季要适合，秋季繁殖开花早且繁盛。

● 种植方法

播种

采用直播的方法播种，将种子均匀播种在准备好的栽培土的小花盆中，种子表面不用覆土。一般 7~10 天后可发芽。

发芽 定植

洋甘菊幼苗期温度不能过高，13~16℃较为适宜；出苗后注意除草和行间松土，适时翻土，使表面土层干松，底下稍湿润，促使根向下扎稳。洋甘菊需肥量大，整个生长过程需追肥 2~3 次。

收获

通常播种后经过 60~65 天进入花期，保持温度在 20~25℃，有利于精油的积蓄。花期持续 1~2 个月，其间均可采收花朵。也可在盛花期直接采收花朵与全草，晒干后保存。

美白润肤茶的冲泡方法

在准备好的花草茶壶中分别放入 2g 洋甘菊和紫罗兰，用 300ml 的热开水冲泡，静置 3~5min，搅匀后即可倒入杯中饮用。

饮用热洋甘菊茶饮可舒缓情绪，提升睡眠质量，长期饮用可以美白皮肤，亦有改善女性经前不适的作用。

浑身是宝的紫美人

琉璃苣

　　琉璃苣属紫草科，是一年生草本植物，原产于地中海等地。琉璃苣的花和茎叶均可食用，可用来泡茶、炖菜、煮汤。花可做成蜜饯，也可用来点缀蛋糕等；它的种子可提炼琉璃苣油，其含有丰富的天然伽马亚麻酸。

5~21℃
不耐寒

琉璃苣全年都可以播种，3~4 月份是最适宜播种的时间。另外琉璃苣在栽培过程中一般不会有病虫危害，所以不需要使用农药。

● 种植方法

播种

播种前用 40℃ 的温水浸种 1~2 天，每天换水，将浸泡后的种子洗干净，控干水分，采取穴播的方法把种子播在准备好的栽培土里，然后覆盖一层细土，一般 2~3cm 厚就可以了。

修剪 定植

为了增加花的数量和促进分枝，可以在苗长到 20cm 左右时进行一次摘心。当苗长出 3~5 片真叶的时候进行定植，种植后浇透水。同时清理弱苗和多余的苗，叶片生长期保持土壤湿润，开花后减少浇水。

收获

植株长到 60~100cm 时就可以采收了。琉璃苣的叶子和花都可以食用，可以选择在花盛开的时候采摘新鲜花叶食用。

凉拌琉璃苣

1. 用剪刀剪下适量的琉璃苣叶片；

2. 洗净后焯水，沥干水分，然后切小，放入碗中备用；

3. 大蒜切碎或制成蒜泥，辣椒切成辣椒圈，加入碗中，再加入酱油和醋一起拌匀即可食用。

ps. 也可不焯水，凉拌生叶食用。

难以忘怀的浓郁芳香

百里香

　　百里香属是唇形科下的一属，包括了大约 350 种多年生芳香草本植物，大多都分布在欧洲、北非和亚洲。一般都是带有浓郁香味的常绿植物，可作香料食用，全草可入药。百里香茶可缓解因宿醉而引起的头痛。

15~25℃
不耐水湿

在幼苗时应进行一次摘心，以促发分枝，形成茂密株型。平时也可适当地修剪植株，但不能将枝叶剪得太低会导致木质化。

● 种植方法

育苗

使用育苗块育苗，2~3周后发芽，发芽后要每日浇水，保持育苗块湿润。夏季温度过高时可将植株置于阴凉、通风处。

▲ **育苗技巧** ▲

用育苗块播种，可以提高发芽率。

间苗 定植

百里香生长缓慢，当植株长出2~3片真叶后定植。定植后每7~10天施一次液肥，夏季植株会比较虚弱，不宜施肥。

▲ **小技巧** ▲

定植前先用剪刀疏剪去长势较弱的植株，只留下2株健壮的植株。

收获

随着植株的不断生长，选择留下长势最好的那一株，疏除另外一株。一般从播种到采收需要90~100天，

▲ **小技巧** ▲

植株长到十几厘米时要适当修剪，增加分枝。

Tips

百里香食用 & 使用的禁忌

　　百里香散发着浓郁的芳香，能够提神醒脑、消除疲劳、提高免疫力。它虽然有很多益处，但是也含有小小的毒性，对于这类香料，每天食用的总量最好不要超过 10g，以免对人体产生刺激。百里香精油也不可长期使用，皮肤敏感者、高血压患者、孕妇勿用！

·唇形科·迷迭香属

迷迭香为常绿灌木，植株直立，叶灰绿、狭细尖状，叶片散发出松树的香味。原产于地中海沿岸。*Rosmarinus*（迷迭香）由两个拉丁文演变而来，是"海洋之露"的意思。这可能是因为，迷迭香夏天会开出蓝色的小花，看起来像小水滴一般。

烤制食品最爱它

迷迭香

● 种植方法

播种前栽培土要施足发酵基肥，并浇透水。进行撒播，种子要尽量稀播，浇小水。搭设一个小拱棚，保温保湿，可使土壤表层不易板结。种子 2~3 周发芽，当苗长到 10cm 可定植，定植前施足腐熟有机肥。

成活 3 个月后可进行修剪，再生能力较弱，过量的修剪易导致植株无法再发芽，修剪时不要超过枝条长度的一半。

[种植环境要求]

 日照充足

 15~20℃（发芽）
10~25℃（生长）

 较耐旱

 富含砂质、排水良好

迷迭香的叶片茂盛时，需要及时修剪采摘。

迷迭香粉如何食用

　　迷迭香粉末通常是在菜肴烹调好以后添加少量用于提味，主要用于羊肉、海鲜、鸡鸭类菜肴。在烤制食物或腌肉的时候放上一些，烤出来的肉就会特别香；烹调菜肴时常常使用干燥的迷迭香粉（如果菜肴需要长时间加热，可以使用香气比较浓郁的干燥迷迭香）；把干燥的迷迭香用葡萄醋浸泡后，可作为长条面包或大蒜面包的蘸料。

·禾本科 ·香茅属

柠檬香茅是多年生草本植物，全株带有柠檬的香味，因此也被称为柠檬草，现在在热带地区广泛种植，中国主要集中在广东、海南、台湾地区。柠檬草在马来西亚使用率非常高，无论是煮汤还是做菜，都少不了这位"调味帮手"。

"消痛剑客"

柠檬香茅

柠檬香茅喜光和高温多湿的环境，耐寒力弱，有时在 10 ～ 15℃易萎缩或死亡，需保证 15℃以上的栽培环境。

● 养护方法

柠檬香茅喜光，充足的光照才能促使柠檬香茅合成足够的香气物质。还需要保证充足的水分，若缺水，叶片会干枯，精油的含量也会减少。生长适温为 16~35℃，冬季低温需要将其放置在温暖的环境中养护。

[种植环境要求]

长日照、耐强光照

20 ～ 28℃（白天）
15 ～ 20℃（夜间）

怕旱、耐瘠薄

一般土壤都可以，但碱土、沙土不宜栽培

种子直播繁殖，一般 7~14 天可发芽。

柠檬香茅的食用益处

柠檬香茅含有柠檬醛，有治疗神经痛、肌肉痛的效果，所以也被叫作"消痛剑客"。

柠檬香茅的枝叶可拿来泡茶，具有强力的杀菌效果，长期饮用可以起到预防各种传染病的效果，同时还可防治胃痛、腹泻、头痛、发烧、流行性感冒等。

鲜叶、干叶均可用于烹调、泡茶。

Part5

大花盆里种出累累果实

超实用技能

瓜果类蔬菜的生长周期相对较长，2~6个月不等，种植的难度相对较大。为保证瓜果蔬菜良好生长及正常开花结果，除了要做好育苗、间苗、移栽、施肥、浇水等工作，在栽培的过程中，还需要进行花叶茎的修剪、搭支架、授粉等工作。

搭支架的几种方法

大部分的瓜果类蔬菜都需要搭建支架作为支撑，如爬藤类的黄瓜、豆角，以及结大型果实的番茄、茄子等。搭支架的方法多种多样，只要不伤根、不倒伏、能牵引藤蔓生长即可。另外，利用软绳牵引也是很好的方法。

阳台种菜时，支架不宜太大，常见的搭架方式有：

直立架	三脚架	拱棚架
将一根支柱和苗平行插入土中，用麻绳将植株松松地绑在支柱上。这种方法一般适用于较矮的蔬菜品种。	三脚架是将三根竹竿均匀插在花盆边缘，上部分互相交叉并固定的方法。这种方法适用于黄瓜、苦瓜等。	拱棚架为拱棚形状的支架，可用弧形的钢管或有韧性的竹条等搭出。根据需求，竹条可以平行或交叉搭建。

瓜果类蔬菜需要通过授粉才能结出果实，种在田中的蔬菜依靠昆虫授粉，而阳台少有昆虫的光临，该如何完成授粉呢？

● 需要人工授粉的蔬菜

瓜类蔬菜多为单性花，阳台种植时，需要通过人工授粉才能结果，比如南瓜、苦瓜、丝瓜、西葫芦、黄瓜等。授粉时可以用毛笔或棉签蘸取多朵雄花的花粉，然后轻轻点涂在雌花的花柱上。或者摘下雄花，去掉过长的花瓣，直接点涂雌花授粉。

● 雌雄花的区别：雌花花心有柱头，柱头上有黏住花粉的黏液，花下有小果。而雄花没有柱头和小果，花里有多个花药，花药上具花粉。

● 自花授粉的蔬菜

还有些蔬菜是两性花，一朵花中既有花柱又有花粉，被风吹动便可自行授粉，如番茄、辣椒、茄子等。阳台上通风不佳时，可以震动花朵，或用毛笔扫一扫，提高授粉成功率。

在蔬菜栽培中，若任其自然生长，可能会枝蔓繁生，导致其不能够正常开花、结果，甚至不结果。整形修剪，可改善通风透光的情况，另外还可以调节其营养生长和生殖生长之间的关系，达到果实累累的目的。

● 打顶、抹芽

打顶即在植物长到一定时间或者高度的时候，剪除植株的顶端部分，这样可以促进侧枝的生长，还有利于促使其开花结果。瓜果类蔬菜一般保持一主枝三侧枝的株型为宜，侧枝太多，养分分散也不利于坐果，这时可以进行抹芽，及时去除多余的新芽。

● 修剪花、叶

瓜类蔬菜的雄花过多，可以在授粉后，留下雌花附近的2~3朵雄花，及时摘除其他雄花，这样可减少养分的大量消耗。

瓜果类蔬菜的叶片茂密，不利于透气和透光，还可能引起病虫害，因此叶片也要进行修剪，特别是老叶黄叶要尽早剪除。

软糯香甜的少女心

草莓

　　草莓的口感酸甜，直接食用或是榨汁饮用都非常可口。据现代医学研究发现，草莓中含有的胺类物质对白血病、再生障碍性贫血等血液病有辅助治疗的作用；草莓的鞣酸含量也相当丰富，具有防癌的作用。

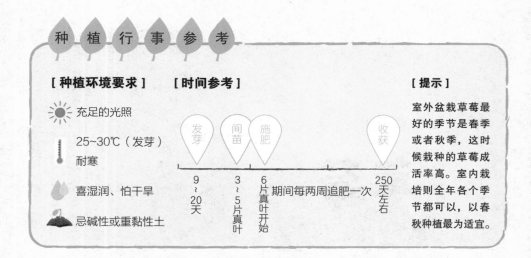

[种植环境要求]　　**[时间参考]**　　　　　　　　　　　　　　　**[提示]**

☀ 充足的光照

🌡 25~30℃（发芽）
耐寒

💧 喜湿润、怕干旱

🌱 忌碱性或重黏性土

发芽　　间苗　　施肥　　　　　　　　　收获

9~20天　　3~5片真叶　　6片真叶开始　期间每两周追肥一次　　250天左右

室外盆栽草莓最好的季节是春季或者秋季，这时候栽种的草莓成活率高。室内栽培则全年各个季节都可以，以春秋种植最为适宜。

● 种植方法

播种

把草莓种子均匀撒播在土壤上，盖上一层薄土，最后用保鲜膜覆盖花盆，保持盆土湿润，9~20 天后出芽。或者将种子放入 50~60℃ 的水中浸泡，搅拌到水温降到 25℃，继续浸泡 2~3h 后，将种子捞出洗净，湿布包好，60%～70% 的种子露白后再播种可加快发芽速度。

间苗

播种 2 个月后齐苗，小苗长出 3~5 片真叶时进行间苗，疏密补稀，苗间距 20~30cm。

可以剪掉瘦弱的苗，如果苗过多也可移出另外栽培。幼苗时期浇水量不用太多，用喷壶小水浇就好，等到苗长出 6 片真叶后，可以慢慢加大浇水量。

施肥

开始结果时要在盆土苗长出 6 片真叶时进行第一次追肥，之后每两周追一次肥，草莓不耐肥，建议用稀释后的液肥。

▲ 新植株 ▲

草莓植株伸长的茎遇土生根后，剪下移栽可形成新的小植株。

收获

一般的草莓品种 4~5 月份成熟，四季草莓一年四季陆续成熟。一般开花后一个月，草莓整体变红就可以采摘啦。

▲ 防烂果 ▲

铺干草：土壤上铺一层干草，这样可防止草莓果实因接触土壤而腐烂。

Tips

　　草莓是雌雄同株，就是一朵花中既有雌蕊，也有雄蕊。没有蜜蜂的情况下，找一支小毛笔，在一朵花瓣的内侧花蕊的外侧扫一遍（雄蕊），用同一支毛笔再在另外一朵花的最中间凸起的部分（雌蕊）稍微深入地扫两遍即可授粉。

生吃、熟食两相宜

番茄

　　番茄又名蕃柿、西红柿、洋柿子，番茄果实营养丰富，具有特殊风味。可以生食、煮食或加工制成番茄酱、汁或整果罐藏。番茄含有丰富的胡萝卜素、维生素C和B族维生素，吃生的能补充维生素C，吃煮熟的能补充抗氧化剂。

[种植环境要求]　　**[时间参考]**　　　　　　　　　　**[提示]**

☀ 喜光

🌡 20 ～ 25℃（发芽）
　　20 ～ 22℃（生长）

💧 充足的水分

🌱 疏松且肥沃的壤土

发芽	定植	开花	收获
7～9天	7～8片真叶	15～30天	60天

番茄品种繁多，在品种选择上应注意，作春提早或秋延迟栽培时，应选择早熟品种，而正季栽培时则宜选择中晚熟品种。

● 种植方法

播种

用 50 ～ 55℃ 的温水泡 10~12h，再放在 25~28℃ 的环境下催芽 2~3 天，且每天用清水淘洗 1~2 次，种子露白后播种。

▲ 间苗 ▲

两周后，长出两片真叶就可以间苗了。

定植

定植一般选择在天气温暖的日子进行，待幼苗长出七八片真叶时就可移栽了，移栽时一般选择浅栽。

▲ 搭架 ▲

幼苗逐渐长大时，需要搭立一个支柱作支撑，不要绑得太紧。

花期管理

开花后，用毛笔在花上轻轻扫动，注意每朵花都要扫一下，起到辅助授粉的作用，可提高坐果率。

▲ 追肥 ▲

生长期适当追肥，氮肥与磷钾肥互相配合施用，可促进开花结果。

收获

一般 55~60 天就可以采收了，等蒂头附近变红，用剪刀从蒂头上直接剪下番茄。建议在早晨较凉爽的时候采摘。

Tips

番茄的生命力非常旺盛，生根能力也很强，湿度合适的时候，茎上还能长出气生根。要注意，一定要让植株的第一朵花结果，这样可以有效预防因藤蔓过度茂盛而导致无法正常开花结果的情形发生。

迷你的水果番茄

圣女果

圣女果，别名樱桃西红柿、樱桃番茄，是一年生草本植物，属茄科番茄属。圣女果外形、口感都与番茄相似，只是体积比番茄小，因此圣女果也常被叫作小番茄。生吃圣女果口感酸甜，有生津止渴、健胃消食的功效。

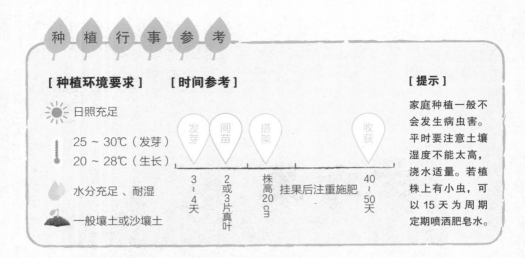

[种植环境要求]　　[时间参考]　　　　　　　　　　　　　　　　[提示]

☀ 日照充足

🌡 25 ~ 30℃（发芽）
　 20 ~ 28℃（生长）

💧 水分充足、耐湿

🌱 一般壤土或沙壤土

发芽　间苗　搭架　　　　　　　　收获

3 ~ 4 天　2 或 3 片真叶　株高 20 cm　挂果后注重施肥　40 ~ 50 天

家庭种植一般不会发生病虫害。平时要注意土壤湿度不能太高，浇水适量。若植株上有小虫，可以 15 天为周期定期喷洒肥皂水。

● 种植方法

播种

播种前把种子用高锰酸钾 1000 倍液浸 10~20min 后，用清水把种子清洗干净并放入温水中浸泡 6h，捞出种子洗干净，控干水分，用湿布包好，放在 25~30℃ 的环境中催芽，种子露白后就可以播种了。播种前要将栽培土用水浇透，并施足基肥，播种后覆盖一层 0.5cm 厚的土。

间苗

真叶长出后可间苗，种植过密时可多次间苗，间苗标准为相邻植株叶片不交错。圣女果非常喜欢阳光，所以在整个生长过程中都要保证充足的日照。

搭架

植株长到 20cm 以上时要搭支架，以防倒伏。当苗逐渐长大开始分枝后，把下面的枝条剪掉，这些枝条一般不会结果，为了不让养分被分散，所以要把它们剪掉。在生长过程中要视情况进行修剪。第一段果实开始变大后可以开始追肥，往后每 3 周追一次肥。

收获

花开后 15~30 天就结出一串串的圣女果啦，这时的绿色果实不能食用，不可心急采收。

▲ **采果佳期** ▲

等到圣女果完全变红之后就可以开始采收了。

Tips

圣女果可以作为水果食用，营养价值比很多水果都要高。和香草、樱桃萝卜等可以生食的蔬菜搭配，不仅可以增加整体的酸甜味，还能起到装饰作用。

甜瓜

甜瓜，又名香瓜、白啄瓜。甜瓜含有大量的芳香物质、矿物质、碳水化合物和维生素C，多食甜瓜，有利于人体心脏和肝脏等器官以及肠道系统的活动，促进内分泌和造血机能的正常运行。甜瓜还有"消暑热，解烦渴，利小便"的功效。

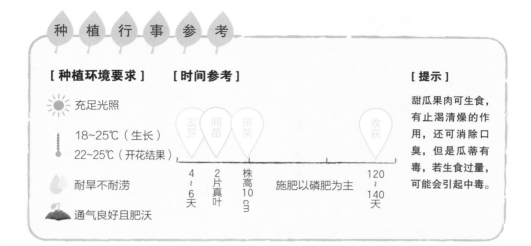

[种植环境要求]　　**[时间参考]**　　　　　　　　　**[提示]**

☀ 充足光照

🌡 18~25℃（生长）
22~25℃（开花结果）

💧 耐旱不耐涝

🌱 通气良好且肥沃

发芽　间苗　搭架　　　　　　　　收获

4~6天　2片真叶　株高10㎝　　施肥以磷肥为主　　120~140天

甜瓜果肉可生食，有止渴清燥的作用，还可消除口臭，但是瓜蒂有毒，若生食过量，可能会引起中毒。

● 种植方法

播种

用 55 ~ 60℃ 的温水浸种 15min，杀灭种子表面所带的病菌，接着用接近 20℃ 的水浸泡 2~3h，捞出后擦干种子表面的水分，用湿毛巾包裹好，放置在 28 ~ 30℃ 的环境中，20h 后即可出芽。将出芽的种子散播到土中，再覆一层薄土，保持湿润，4~6 天齐苗。

间苗

甜瓜是比较耐旱的植物，播种后不需要经常浇水，如果土壤不是很干，就等到长出两片叶子的时候再浇水。苗太密了需要适当间苗，去弱留强。

搭架

花盆种植时空间有限，可以设立支架，帮助甜瓜藤生长。顺着藤蔓的生长方向小心地将蔓藤缠绕在支架上。

▲ 小技巧 ▲

若支架搭设过高，结实后可用网袋或者支架固定甜瓜。

收获

授粉后一个月左右终于到了收获的时候，但采收不可操之过急，不然果肉生涩就功亏一篑了。等完全成熟后采收，成熟的甜瓜会散发香味，果皮有光泽。

Tips

为了避免甜瓜在狭小的花盆中密闭腐烂，同时防止甜瓜在花盆的边缘滑落或生长畸形，可以在甜瓜的底部垫上干草等起到稳固作用。

一口爽脆鲜嫩

黄瓜

    黄瓜别名胡瓜、青瓜，是葫芦科黄瓜属植物。它含有重要的蛋白质、矿物质和多种维生素，有钙质、磷质、铁质、维生素A及维生素C，可清肺热、利尿，也可治疗咽喉肿痛。黄瓜口感爽脆鲜嫩，可以凉拌生食，也可煮熟食用。

[种植环境要求]　　**[时间参考]**

☀ 日照充足

🌡 25~28℃（发芽）
　　20~28℃（生长）

💧 充足的水分

🌱 富含有机质的疏松壤土

发芽　间苗　　搭架　　　　收获

3~4天　1~2片真叶　株高15㎝　60~65天

[提示]

黄瓜产量较高，需水量也大。幼苗期水分不宜过多，土壤湿度60%～70%。结果期则必须提供充足的水分，并注意适当的通风。

⬤ 种植方法

播种

用55℃的温水浸泡种子约20min，浸泡过程中须不断搅拌种子，再用清水继续浸泡6~8h。之后将种子捞出，控干水分并用湿布包好，放到25～28℃的条件下进行催芽，等到有半数的种子逐渐露白了即可进行播种。发芽后要把植株移到有弱光的地方。

间苗

当苗长出1~2片真叶时，就可进行间苗了，每10cm留下一棵节点间距较短的苗即可。

▲ **小技巧** ▲

间苗过程中长得比较好的苗可以移栽在其他盆器里面，要注意追肥，在黄瓜苗附近松土并施肥。

搭架

等到植株长到高约 15cm，黄瓜卷须出现时就要搭支架引蔓。可在幼苗旁边插一根支柱，辅助其直立生长。

▲ 绑蔓 ▲

当瓜蔓长得不能直立生长时，应及时绑蔓，每隔 3～4 片叶绑一次。

收获

一般在雌花开花授粉后，7~15 天果实膨大，可采收嫩果。分多次采摘，第一批果实要趁小采摘，以免给果实造成太大的负担，之后的果实长到 18~20cm 后再采收，开始收成后每隔两周施一次肥。

Tips

黄瓜是一种需水量较大的蔬菜，特别是在天气炎热的夏季，一定要提供充足的水分，但是注意浇水一般在早晨或下午，中午不浇水。另外开花期可用毛笔将每一朵的花蕊扫一遍，这样可起到授粉的作用，提高坐果率。注意，若花太多，可选择适当摘除一部分，以保证结出的果实饱满。

根、藤、花、果均可食用

南瓜

　　南瓜别名番瓜、倭瓜、饭瓜等，是葫芦科南瓜属、一年生蔓性草本植物。南瓜种子含南瓜子氨基酸，有清热除湿、驱虫的功效，对血吸虫有控制和杀灭的作用；藤有清热的作用；瓜蒂有安胎的功效；根可治牙痛。

[种植环境要求]   **[时间参考]**

[提示]

☀ 短日照

🌡 25 ~ 28℃（发芽）
喜温暖

💧 耐旱性强

🌱 肥沃、微酸性沙壤土

发芽	搭架		授粉		收获
7 ~ 14 天	株高 15 ~ 20 cm		60 ~ 100 天		110 ~ 130 天

南瓜可安排在春、夏、秋三季进行种植，春季播期一般为 3 月上旬，夏季一般为 4 月下旬，秋季一般为 7 月上旬。

● 种植方法

播种

常用点播法，每个洞穴内放入 2~3 颗种子，种子尖部朝下，用土壤覆盖 2~3cm 厚，浇透水，一两周后发芽。

▲ 移栽 ▲

当苗长有 3~4 片真叶时可在晴朗的天气进行移栽，每一盆一棵苗。

搭架

藤蔓越来越长时，要搭立一个支架作牵引，把母蔓牵引到支架上让其攀爬。

授粉

雌雄花开放时应在每天早晨 6~7 点进行人工授粉，可采摘几朵开放的雄花，轻轻涂在开放雌花的柱头上即可。

▲ **施肥技巧** ▲

生长期适当追肥，可适当多施氮肥，开花以后可适当多施磷钾肥。

收获

侧蔓长到 50cm 以上时可以采摘嫩茎尖及叶柄食用，嫩瓜则在开花后 10~15 天采收。

Tips

南瓜是雌雄异花的植物，它的花也被称为虫媒花，即需要昆虫等进行授粉才能结实。家庭种植时，昆虫有限，自然授粉的概率很小，所以需要进行人工授粉才行。

有苦有甜，清热解毒

苦瓜

　　苦瓜又名癞葡萄、凉瓜，有清热解毒、养颜嫩肤、降血糖、养血滋肝的作用。果实颜色深浅分为浓绿、绿和绿白等，绿色和浓绿色品种苦味较浓，长江以南栽培较多；淡绿或绿白色品种苦味较淡，长江以北栽培较多。

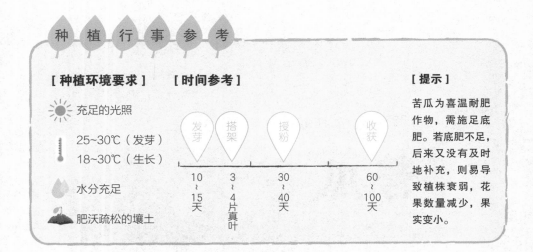

[种植环境要求]　　**[时间参考]**　　　　　　　　　　　　**[提示]**

☀ 充足的光照

🌡 25~30℃（发芽）
　　18~30℃（生长）

💧 水分充足

🌱 肥沃疏松的壤土

发芽　搭架　　授粉　　　　收获

10
~
15
天

3
~
4片真叶

30
~
40
天

60
~
100
天

苦瓜为喜温耐肥作物，需施足底肥。若底肥不足，后来又没有及时地补充，则易导致植株衰弱，花果数量减少，果实变小。

● 种植方法

播种

用50~60℃的温水浸泡种子10~15min，边浸边搅拌，等水温降至室温后再浸泡10~12h，捞起洗净后控干水分，放在20~30℃的环境下催芽，种子发芽后就可播种了。先用筷子戳2~3cm深的洞，每个洞放两粒，覆土后浇透水，盖上保鲜膜，出苗后揭开，再加盖0.5cm厚的细土。

搭架

开始牵蔓的时候要搭立一个支架作诱引，将藤蔓缠绕到支架上，之后就会自然向上攀爬，注意不要让藤蔓互相缠绕。在生长期一般 1~2 周施一次有机肥。

授粉

在花期时要进行人工授粉，建议选择在上午的 8~10 点，将雄花花粉抹到雌花柱头上就可完成人工授粉。

▲ **特别管理** ▲

苦瓜在幼果期和高温多雨天气容易发病，要特别细心管理。

收获

花开后 20 天，果实呈鲜嫩的绿色，长度约 20cm，这时候就可以采收了，采摘时直接将蒂头剪下即可。

Tips

日常餐食中的苦瓜为绿色，有苦味，其实这是苦瓜的嫩果。完全成熟后苦瓜表皮为黄色，里面包裹着鲜红的种子，种子表面有一层香甜的外膜可直接食用。

火辣辣的热情

辣椒

辣椒是茄科辣椒属，是一年或有限多年生植物，果实为长指状，稍微有些弯曲。果实未成熟时表皮为绿色，成熟后多为红色，也有些是橙色或紫红色。以中医角度来看，辣椒味辛辣，性热，能温中健胃、散寒燥湿。

[种植环境要求]　　**[时间参考]**　　　　　　　　**[提示]**

☀ 光照充足

🌡 25~30℃（发芽）
　 15~34℃（生长）

发芽　定植　开花　　　　收获

5~8天　7~10片真叶　40天开始　　100~120天

💧 不耐旱不耐涝

🌱 土层深厚且肥沃

苗期注意控水，不干则不浇水，浇水过多容易引起徒长。秋季栽种辣椒容易发生根腐病、枯萎病等，秋种辣椒要注意杀菌消毒。

● 种植方法

播种

种子先用 50℃ 左右的温水浸泡 15min，再用 0.1% 高锰酸钾溶液浸泡约 20min，用清水洗干净后播种。把准备好的栽培土浇透水后，种子均匀散播在土面上，再用土壤覆盖约 1cm 的厚度，一般 5~8 天后可发芽。

定植

苗长出 7~10 片真叶时选择温暖的晴天进行定植，植株的种植密度为 10~15cm。

花期管理

完成移植后要浇透水，移植后每天或者隔天浇水，每隔 15 天左右追一次肥。当植株开花后，需要把第一朵花下的新芽全部切除。

收获

花谢之后的 2~3 周，果实充分膨大、色泽青绿时就可以采收了，也可以等到果实变成黄色或者红色时再采收。建议分多次采收，连着果柄一起摘下。

Tips

辣椒果采收以后要注意及时处理，尽快放在干燥通风处晾干，不要长期挤压在一起，否则容易腐烂变质。若种植得太多，可以用线串成串，放在通风阴凉的地方吊干，制成干辣椒长期储存。

老少咸宜的鲜嫩果实

西葫芦

　　西葫芦，别名茄瓜、白瓜、小瓜、番瓜、角瓜等，是葫芦科南瓜属的一种。我国清代的时候由欧洲引入种植，现今在中国各地均有栽培。西葫芦含有丰富的维生素C、葡萄糖等，具清热利尿、除烦止渴、润肺止咳等功效。

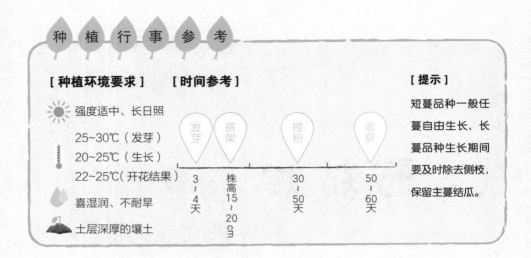

强度适中、长日照

25~30℃（发芽）
20~25℃（生长）
22~25℃（开花结果）

喜湿润、不耐旱

土层深厚的壤土

发芽   搭架   授粉   收获

3~4天   株高15~20㎝   30~50天   50~60天

短蔓品种一般任蔓自由生长，长蔓品种生长期间要及时除去侧枝，保留主蔓结瓜。

● 种植方法

播种

播种前先催芽，芽有 1.5cm 时再播种。盆土浇水后，均匀播种，覆土时不要弄伤嫩芽，保持 28~30℃，3~4 天齐苗。

▲ 间苗 ▲

自出苗后 30~35 天，苗长出 3~4 片真叶时间苗，一盆留 2~3 株。

搭架

藤蔓越来越长时，要搭立一根支架做诱引，把母蔓牵引到支架上让其攀爬。

授粉

生长期叶子生长快速，建议一周修剪一次老叶，有利于植株通风，以防病虫害。为了高产早熟，每天上午 9~10 点授粉。

▲ **授粉技巧** ▲

西葫芦为单性花，需要授粉才能结果，可用毛笔进行人工授粉。

收获

西葫芦的生长周期较短，60 天左右就可以采收嫩果食用。采摘时不要损伤主蔓，瓜柄尽量留在主蔓上。每摘 1~2 次瓜，追肥一次。

Tips

　　若食用时发现西葫芦有苦味，则可能是含有苦味物质"葫芦素"，请勿食用；西葫芦也不宜生吃，烹调时煮得太烂，会损失营养。

可清爽，可酸爽

豇豆

　　豇豆俗称姜豆、角豆、挂豆角和带豆，是我们生活中常见的蔬菜，可腌制成酸豆角食用。豇豆含有较高的磷脂，对脾胃虚弱、肾虚、肾功能衰竭、尿毒症等具有一定的防治效果。

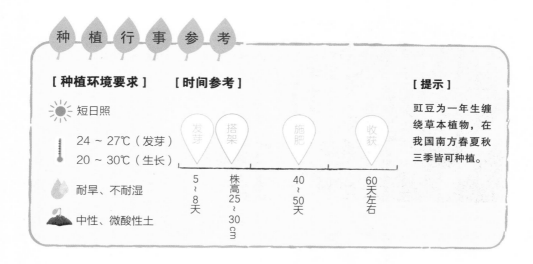

[种植环境要求]　　**[时间参考]**

☀ 短日照

🌡 24 ~ 27℃（发芽）
20 ~ 30℃（生长）

💧 耐旱、不耐湿

🌱 中性、微酸性土

[提示]

豇豆为一年生缠绕草本植物，在我国南方春夏秋三季皆可种植。

发芽	搭架		施肥		收获
5~8天	株高25~30cm		40~50天		60天左右

● 种植方法

播种

不需要浸种催芽，豇豆也能很好地发芽。播种前认真筛选，剔除秕粒、半粒、病粒和杂质，提高发芽率。播种后浇足水，5~8 天可发芽。

搭架

当苗长出 25~30cm 时，用支架引蔓，初期茎蔓的缠绕力不强，可以用绳辅助固定。

施肥

开花后结荚，结荚后要注意水肥管理，土壤要保持湿润，并追肥两次。

▲ **小技巧** ▲

豇豆长出，紫色的花还留在豆荚顶部，此时要保证充足的水分和营养。

收获

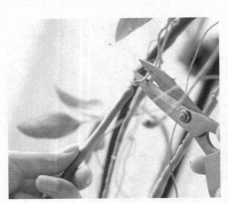

开花后 7~10 天，豆荚饱满后就可以采收啦，采收期可以增施复合肥，促进豇豆继续结荚。

▲ **成熟的种荚** ▲

没有及时采摘的豆荚发白，可轻松地将豆子剥出来，既可食又可留种。

 Tips

豇豆的花为总状花序，有 2 ~ 5 对花，肥水管理合适时，每个花都能结荚，而且往往是在第一对豇豆摘下后，第二对才开始发育结荚，因此，采收后要适当施用复合肥，促进结荚。当主蔓长出第一个花序时，花序以下的侧枝应全部摘除，花序以上的侧枝要进行摘心，可促进增长。

美丽与美味的代表

秋葵

　　秋葵，也叫黄秋葵、咖啡黄葵、羊角豆，是一年生
草本植物。秋葵可食用的部分是果荚，呈绿色或者红色，
口感脆嫩，香味独特。

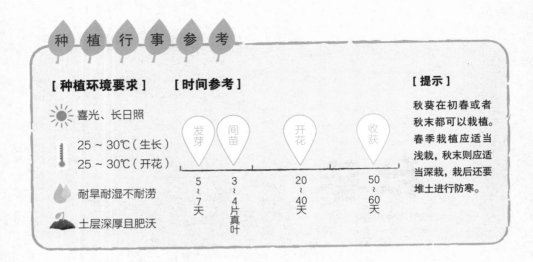

种 植 行 事 参 考

[种植环境要求]　　**[时间参考]**

☀ 喜光、长日照

🌡 25～30℃（生长）
　25～30℃（开花）

💧 耐旱耐湿不耐涝

🌱 土层深厚且肥沃

发芽　间苗　　开花　　收获

5~7天　3~4片真叶　20~40天　50~60天

[提示]

秋葵在初春或者秋末都可以栽植。春季栽植应适当浅栽，秋末则应适当深栽，栽后还要堆土进行防寒。

● 种植方法

播种

种子可以先在清水中浸泡24h，取出后控干水分，放置在25~30℃的环境下催芽。4~5天后发芽即可播种。选择在天气暖和的时候播种，将种子埋在1~2cm的深度，用土壤覆盖好并轻拍土面。

间苗

当苗长出3~4片真叶后，每穴只留下生长状况最好的一株，其他健壮的幼苗可另行栽植。

▲ **搭架** ▲

当秋葵长至30cm左右的时候可立支架，以保持其直立的株型。

开花

秋葵属于自花传粉植物，所以不用进行人工辅助授粉。

▲ 小技巧 ▲

秋葵每一节的叶腋都会开花结果，不宜过多施肥，以免影响结果。

收获

当秋葵果荚长度达到 8~10cm，果实外表鲜绿色时便可采收，最佳采收时间为下午 4~6 点，宜用剪刀来剪取。

▲ 采收技巧 ▲

第一批果荚采收后，初期隔 2~4 天收一次，随温度升高，采收间隔缩短。

Tips

秋葵最佳的采摘时间是花开后的 5~6 天，要及时采摘，花开后超过 10 天秋葵果实就会变得很硬，食用的口感会变得不好。另外采收秋葵时宜用剪刀，并戴上手套，以免茎、叶、果实上的刚毛或刺瘤刺伤皮肤，如果被刺伤会奇痒难耐，此时用肥皂水洗一下或在火上轻烤，可减轻痛痒感。

Part6

土壤内珍藏的美味

大丰收的秘诀

要想获得根菜类蔬菜的大丰收，关键在于如何选择容器以及怎样施肥。建议根据其地下部分的一般横径和深度，以及种植的数量和密度来选择大小和深度合适的容器；施肥时，基肥要施足，追肥要以钾肥为主。

容器的选择

选择合适的栽种容器，一方面要考虑形状和材质，另一方面要考虑到所要栽种蔬菜的生长习性。

例如萝卜和生姜等蔬菜，可以选择深度在 30cm 以上、长 60cm、宽 40cm 的盆器来种植，其中可以装足够的土壤和肥料。

需要特别提醒的肥料施用法则

对于根菜类蔬菜，要想获得比较高的产量，必须科学而有效地进行施肥。施肥一定要坚持基肥与追肥相结合的原则，一般以基肥为主，追肥为辅。基肥一般以腐熟的有机肥为主，配合施用磷钾肥，而追肥则要视具体情况而制定施肥方案。追肥要根据生长阶段的不同而进行轻追肥或重追肥，一般在真叶期轻追肥，在产品器官膨大期重追肥。

另外对于根菜类而言，追肥时一般前期普施，后期穴施，这样有利于地上部和地下部的均衡生长。

樱桃萝卜

　　樱桃萝卜是四季萝卜中的一种，国内虽也有产，但大多是从日本、德国引进的栽培种。樱桃萝卜外表圆润小巧，色泽美观，与樱桃相似。它生长很快，肉质细嫩，口感清甜，比较适合生吃。

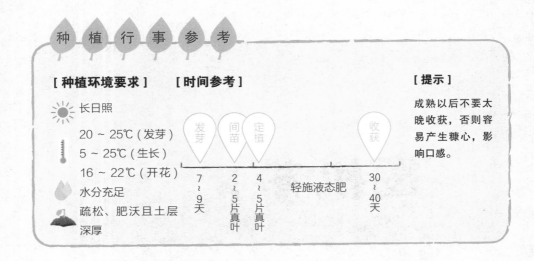

[种植环境要求]   [时间参考]

[提示]

成熟以后不要太晚收获，否则容易产生糠心，影响口感。

长日照

20 ～ 25℃（发芽）
5 ～ 25℃（生长）
16 ～ 22℃（开花）

水分充足

疏松、肥沃且土层深厚

发芽　间苗　定植　　　　　　收获

7～9天　2～5片真叶　4～5片真叶　轻施液态肥　30～40天

● 种植方法

播种

将种子均匀地播撒在已浇水湿透的盆土里，然后覆盖上 1.0 ～ 1.5cm 厚的细土即可。白天温度保持在 18 ～ 20℃，夜间温度保持在 8 ～ 12℃，10 天左右就会发芽。

间苗

种植过密时可以多次间苗，种植不密可以待幼苗长出 2~5 片真叶时间苗，同时移植。保持土壤稍湿润状态，不干尽量先不浇水。可多次间苗，每次间苗后施肥。

定植

移植时，小盆中可以一盆种一株，大盆中要保持每株行距 10 ～ 15cm。生长期内要注意保持土壤湿润，浇水要均匀。如果幼苗长势不良，有缺肥症状，可以随水冲施少量液态肥。

收获

根部刚开始膨大时要追肥，并培土。收获时应选择根部膨胀外漏较明显的植株拔收，留下其他小一点的和未长成的继续生长。每次收获后都要浇水，水可以弥补萝卜拔出后泥土出现的空洞，有利于其他未成熟的迅速生长。

新鲜拔收的樱桃萝卜用清水洗干净后生食最好吃，可以大口咬或切成薄片，做成沙拉。如果收获很多，也可以做成酱菜。种植期间疏苗的嫩芽，也可以作为芽苗菜食用。

"外表平凡，心里美"

红心萝卜

　　红心萝卜有个别致的名称叫"心里美萝卜"，因其外皮有碧绿、白色、粉红色和紫红色等色，内里紫红，口感脆甜而得名。属十字花科，营养丰富，既能当蔬菜食用，又能当水果食用，具有清热解毒、生津止渴等功能。

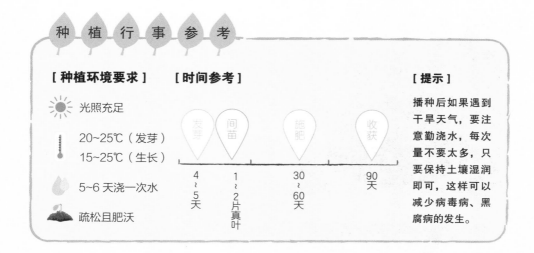

[种植环境要求]　　[时间参考]

☀ 光照充足

🌡 20~25℃（发芽）
15~25℃（生长）

💧 5~6 天浇一次水

🌱 疏松且肥沃

发芽　间苗　　施肥　　　收获

4 ~ 5 天　1 ~ 2 片真叶　30 ~ 60 天　90 天

[提示]

播种后如果遇到干旱天气，要注意勤浇水，每次量不要太多，只要保持土壤湿润即可，这样可以减少病毒病、黑腐病的发生。

● 种植方法

播种

在湿润的盆土中均匀撒播种子，再覆上一层土，4 ~ 5 天后就可以长芽。在这期间浇水要避免盆内积水。

间苗

长出第一片真叶时就可以进行间苗，每株相距 3 ~ 4cm。待长出 2 ~ 3 片真叶时，株间距可增加到 25 ~ 30cm。注意间苗后要浇一次水，同时施肥，促进苗的生长。

施肥

种植前要施少量基肥，如磷酸钙、氯化钾等。生长期间要追肥两次，种植约 30 天时追施尿素一次，播种后 60 天再追肥一次。

收获

90 ~ 92 天红心萝卜的肉质根膨大后就可以收获了。收获后可以把萝卜顶部切去，避免贮藏期间长叶。贮藏最佳温度为 2 ~ 4℃。

Tips

食用红心萝卜可以促进肠胃蠕动，解气消胀、发汗祛湿、抗癌防癌。经常处于高温环境作业人群，熬夜人群，以及湿热、痰湿、阴虚体质的人应多食用红心萝卜，有利于身体健康。

胡萝卜

　　胡萝卜是野胡萝卜的变种，长圆锥形，呈橘黄或橘红色，口感脆甜，含有多种人体所需元素，营养丰富。每天吃两三根胡萝卜，可以降低胆固醇，预防心脏疾病和肿瘤。胡萝卜一般采用种子播种繁殖，适合盆栽。

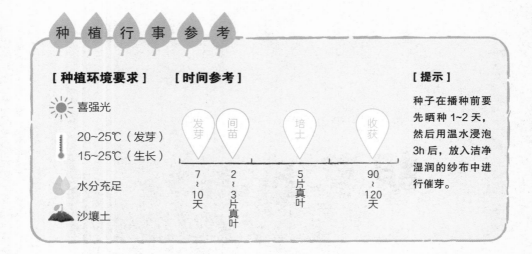

[种植环境要求]　　[时间参考]

喜强光

20~25℃（发芽）
15~25℃（生长）

水分充足

沙壤土

发芽　间苗

培土

收获

7～10天

2～3片真叶

5片真叶

90～120天

[提示]

种子在播种前要先晒种1~2天，然后用温水浸泡3h后，放入洁净湿润的纱布中进行催芽。

● 种植方法

播种

盆土浇水后把种子均匀地撒播在土壤里，再覆上0.6～1cm厚的细土，可以混一些沙子，有助于支撑幼苗。7～10天后就会发芽。

间苗

当真叶长出2～3片时就可以间苗，留下健壮的苗，每株间隔1～2cm。继续生长几天后，可以二次间苗，苗间隔可增加到2～3cm。

培土

胡萝卜长到 5~8 片真叶时，肉质根开始膨大，这时要注意给胡萝卜培土，将露出土面的根部用土覆盖住，再慢慢压实。

▲ 培土的重要性 ▲

露出土表的肉质根为绿色，在土中生长的为橙红色。

收获

待生长 90 ~ 100 天后植株心叶变黄绿色，外叶略枯黄的时候就可以收获了。储存时要削去顶部的叶子，轻轻刮去根部的泥土，放置在阴凉干爽处。

Tips

胡萝卜会因排水不良、土壤过干、施肥过量造成歧根、裂根、烂根等病害，生长期间要注意适当施肥，控制浇水，避免土壤过干或过湿。

洋葱

　　洋葱又被叫作球葱、圆葱、玉葱等，是百合科葱属植物。食用洋葱可以降低血压、提神醒脑、缓解压力、预防感冒。此外，洋葱还能清除体内氧自由基，抗衰老，预防骨质疏松，是非常适合中老年人的保健食物。

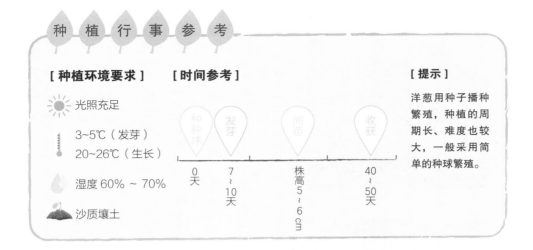

[种植环境要求]

☀ 光照充足

🌡 3~5℃（发芽）
20~26℃（生长）

💧 湿度 60% ~ 70%

🏔 沙质壤土

[时间参考]

种种球　发芽　　　间苗　　　收获

0
天

7
~
10
天

株高5~6cm

40
~
50
天

[提示]

洋葱用种子播种繁殖，种植的周期长、难度也较大，一般采用简单的种球繁殖。

● 种植方法

种种球

盆土浇透水，土中均匀挖出种植坑，把洋葱球茎头朝上，放进去，覆土，尖端芽稍稍露在外面，用手指轻轻压实周围土壤。播种后要浇水 2 ~ 3 次，7~10天芽就会长出。

发芽

洋葱幼苗出土前后要勤浇水，保持湿润，还要注意除杂草，以免损耗养分。一周后洋葱顶部便钻出鲜绿的芽。

间苗

幼苗种植过密会影响种球的生长，要保持每株间距在 6cm 左右。可以一个月施一次氮肥，补充营养。栽种一个月后可以在每株苗间增加一层覆盖物，锁住水分的同时还可以阻挡杂草生长。

收获

洋葱收获前的 1~2 周要控制浇水，使鳞茎组织充实，加速成熟，防止鳞茎开裂。当洋葱顶部变为金黄色时，就说明完全成熟了。用手弯曲顶部，洋葱就平躺在了地上，待 24h 后顶部变为棕色再拔出洋葱，这样做会让洋葱口感更好。

洋葱种植前要进行催芽。把洋葱种球放进冷水中浸泡 12h，然后用湿布包好放置在 20~24℃凉爽的地方进行催芽，当种球刚刚露白（长出白色的根）时就可以播种了。

“地下苹果”

马铃薯

马铃薯又被称为土豆、洋芋等，是茄科茄属植物。钾含量丰富，需要煮熟食用。食用马铃薯能健脾，益气调中，还可以治疗胃痛、痄肋、痈肿、湿疹、烫伤等，常吃还具有瘦腿的功效呢！

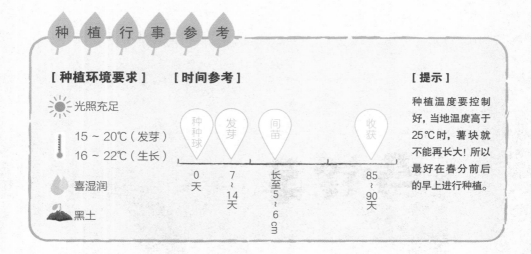

种 植 行 事 参 考

[种植环境要求]

☀ 光照充足

🌡 15～20℃（发芽）
16～22℃（生长）

💧 喜湿润

🌱 黑土

[时间参考]

种种球 · 发芽 · 间苗 · 收获

0天 · 7～14天 · 长至5～6㎝ · 85～90天

[提示]

种植温度要控制好，当地温度高于25℃时，薯块就不能再长大！所以最好在春分前后的早上进行种植。

● 种植方法

种种球

用脱毒的马铃薯块茎繁殖，把马铃薯按每块至少3个芽眼的标准切成块状，稍晾干切面。在湿润的盆土里用手指均匀挖洞，把切好的块茎埋进去。盆栽种植可用比较大型的花盆，一个大花盆建议只种植1～3个马铃薯块。

发芽

约一周后就开始发芽了，两周的时间便可齐苗。

间苗

待幼苗长到 5~6cm 时可以进行间苗，普通花盆一盆留 1~2 株即可。在生长期间要定期浇水，特别是开花和块茎形成期，这两个时期是最需要水的。但要注意不可过度浇水，这样会种出"黑土豆"。

收获

85~90 天后，藤叶开始变枯黄时就可以采收啦！收获前 7 天不要浇水，这样口感更好。收获后去掉茎叶，轻轻弄掉表面的泥土，可储存在阴凉干爽的地方。

皮肉变黑绿或发芽的马铃薯是有毒的，不可以食用。但如果只有一两根小芽，可以把芽连同根部剔除，去皮后用水浸泡 30 ~ 60min，烹调时加些醋，可以破坏残余的毒素。

番薯

　　番薯又被叫作红薯、地瓜等。形状为椭圆形或长圆形。颜色会因为品种和种植环境的不同而不同。生熟皆可食用，甘甜香脆，中国大多数地区普遍栽培，是一种粮食作物，可作主食。

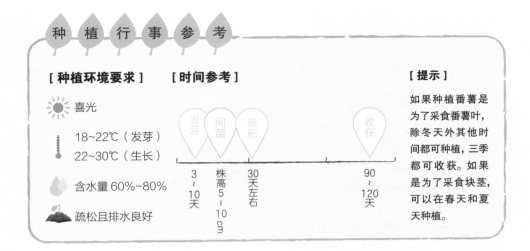

[种植环境要求]　　**[时间参考]**　　　　　　**[提示]**

喜光

18~22℃（发芽）
22~30℃（生长）

含水量 60%~80%

疏松且排水良好

发芽　间苗　施肥　　　　收获

3 ~ 10 天

株高 5 ~ 10 厘米

30 天左右

90 ~ 120 天

如果种植番薯是为了采食番薯叶，除冬天外其他时间都可种植，三季都可收获。如果是为了采食块茎，可以在春天和夏天种植。

🔘 种植方法

种种球

番薯与马铃薯不同，采用的不是块茎繁殖，而是块根，种植时要用整个块根，不可切分，在湿润的盆土中均匀挖洞掩埋。周围温度不同发芽时间不同，一般 3~10 天就可以发芽。

间苗

待幼苗长至 5~10cm 时就可以间苗，普通花盆一盆可种植一棵苗。放置于阳光充足的地方。

水肥管理

刚种植时要勤浇水，到后期大约一周一次就可以了。30 天左右开始结薯，这时要施磷钾肥，同时也要做好除草工作。

▲ **食用技巧** ▲

番薯除了块根可以食用，成苗后也可采茎叶食用。

收获

至 120 天左右，番薯的块茎成熟了，顺着茎将其挖出，刚挖出来的番薯可以先清理表面的泥土，然后放置在29~35℃、空气湿度较高的地方 5~10天，这样口感会更好。

Tips

热气腾腾的番薯香甜可口，而凉的番薯直接食用可能会引起肠胃不适，特别是胃溃疡及胃酸过多的人不要多吃。发芽的番薯，可以食用，但口感不好。而烂掉的番薯可使人中毒，不能吃。

芋头

　　芋头又被称作芋、芋芳，是天南星科植物。芋头口感细软，绵甜香糯，不含龙葵素，易于消化，不会引起中毒，是一种很好的碱性食物。芋头可蒸食或煮食，但必须彻底蒸熟或煮熟。

[种植环境要求]　　**[时间参考]**

☀ 短日照（散光）

🌡 13 ~ 15℃（发芽）
20 ~ 30℃（生长）

💧 喜湿怕旱

🌱 富含腐殖质的壤土

种种球　发芽　施肥　　　　收获

0天　7~10天　30~40天　　210~240天

[提示]

芋头在叶片生长期和球茎形成期需水量较大，这两个时期内要勤浇水，但盆栽容易积水，种植时要注意排水。

● 种植方法

种种球

选择已经发芽的芋头作种子，在施足基肥的土壤里挖个洞，把种子放进去，芽朝上，再用泥土覆盖。

发芽

保持土壤湿润，7 ~ 10 天就可以看到芋头尖尖的绿色新芽了。

施肥

种植初期要勤浇水，之后逐渐减少浇水次数。待成株后可以随水施些氮磷钾三元复合肥，浇水频率可降至每 3 ～ 4 天浇一次，保持土壤湿润就可以了。

收获

芋头收获前 6 ～ 7 天要控制浇水，以防止块茎含水过多，不耐贮藏。芋头不耐低温，储存时应放置在室内较温暖的地方，否则会因冻伤造成腐烂。

　　生芋头带一点毒性，吃时必须煮熟透。生芋汁会引起局部皮肤过敏，可用姜汁擦拭以缓解症状。